原居养老及社区适老化改造

毛义华　著

中国建筑工业出版社

图书在版编目（CIP）数据

原居养老及社区适老化改造 / 毛义华著 .—北京：中国建筑工业出版社，2022.5（2023.6 重印）

ISBN 978-7-112-27219-8

Ⅰ.①原… Ⅱ.①毛… Ⅲ.①老年人住宅—旧房改造—研究—中国 Ⅳ.①TU241.93

中国版本图书馆CIP数据核字（2022）第041995号

责任编辑：牛　松　冯江晓

责任校对：张惠雯

原居养老及社区适老化改造

毛义华　著

*

中国建筑工业出版社出版、发行（北京海淀三里河路9号）

各地新华书店、建筑书店经销

北京点击世代文化传媒有限公司制版

北京中科印刷有限公司印刷

*

开本：787 毫米 × 960 毫米　1/16　印张：15¼　字数：224 千字

2022 年 7 月第一版　2023 年 6 月第二次印刷

定价：**48.00** 元

ISBN 978-7-112-27219-8

（39090）

前　言

我国自1999年步入老龄化社会以来，老年人口占比增速不断加快，无论是社会还是家庭都不得不面对日益复杂的养老局面。据2020年第七次人口普查数据，我国65岁及以上人口数已超过1.9亿，占总人口的13.5%，是世界上老龄化程度较高的国家之一。随着国家对养老问题重视程度的不断加深，政府出台了较多应对政策。国务院印发的《关于加快实现社会福利社会化意见的通知》和《关于加快发展养老服务业的意见》确定了我国“以居家为基础、以社会为依托及以社会福利机构养老为补充”的养老模式发展方向，这也与我国现阶段的经济社会发展状况和传统文化观念相契合。

但总体来说，我国的养老服务事业起步较晚、发展并不充分、体系也不够完善。依据养老规划政策和基本国情，当前以及在未来很长一段时间内，居家养老都将会是我国老年人最主要的养老模式，家庭住宅环境和社区养老服务支持的重要性不言而喻。总结我国在养老特别是在智慧养老方面的实践，主要表现为物联网在养老护理领域的作用，少有智慧社区适老化改造的相关经验模式整合。目前大部分社区的集成化服务体系都不健全，尤其是对于位于老城区、辖区内多为老旧小区的社区来说，由于历史发展原因，无论是其住宅内部和小区环境的硬件设施，还是软件服务供给，都与老年人的整体需求相差甚远。因此，为了进一步增强我国老年人生活环境的安全性和舒适性，提高养老服务的整体质量，在智慧养老的背景下探索社区适老化改造及其服务体系构建十分必要。

本书从人口老龄化的发展趋势和特征出发，希望理清人口老龄化背景下我国城市住房建设、老旧小区改造的现状，并结合智慧养老理念，探索社区适老化改造的可行模式，为积极构建智慧养老信息化系统和服务体系提出建议对策，从而推动社区适老化改造与智慧养老的结合与发展。本书也丰富了社区适老化改造及智慧养老服务体系构建的理论成果，拓展了适老化改造的内涵与实践道路，最终为推进我国养老服务事业的健康发展提供一定的理论支持与实践指导。

本书第一章由毛义华教授撰写，第二、三章由毛义华、陈青雯、胡雨晨撰写，第四、五章由毛义华、张钊撰写，第六章由毛义华、胡雨晨撰写，第七章由毛义华、王凯撰写，全书由毛义华教授统一审阅并定稿。本书在写作时参考引用了大量养老领域的论文、专著、新闻报道及访谈记录等，虽然笔者尽量在书中将参考文献一一注明，但难保有所遗漏。此外，笔者由于学识、能力、认识有限，本书中所载内容和观点难免具有一定的局限性和时效性。在此，笔者先就书中的未尽之事致歉，欢迎各位学者、行业专家、读者不吝赐教指正，也由衷感谢前人给予我们的真知灼见和经验传授。

本书在出版过程中，中国建筑工业出版社牛松主任和冯江晓编辑付出了辛勤的汗水，在此表示衷心的感谢！本书也得到了浙江大学平衡建筑研究中心配套资金资助，对此表示感谢！

编者

2022 年 1 月于求是园

目　录

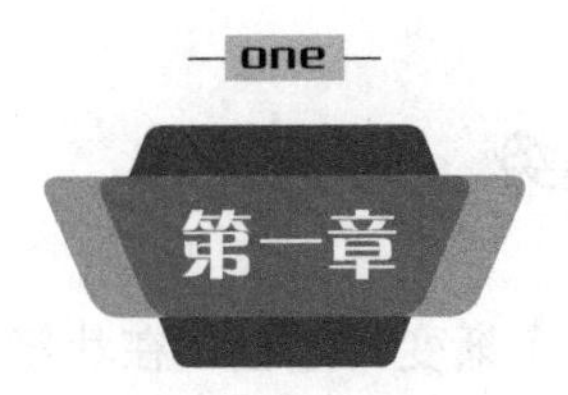

养老的背景以及智慧养老的概念介绍

第一节　人口老龄化的趋势和特点

一、人口老龄化的趋势

人类的生命周期是一个渐变的过程，在壮年和老年之间没有明确的分界线，个体身体机能的衰退也会随着社会医疗技术和生活服务水平的提高而得到延缓。因此，国际上对于老年人的定义不尽相同。一般而言，西方发达国家将老年人定义为65岁以上的人群，而发展中国家则多以60岁为分界点，例如我国在《老年人权益保障法》中就将老年人的年龄起点标准设为60岁。因此，老年人在总人口中的占比不断增加并达到一定比例的动态变化过程就称为人口老龄化。根据联合国标准，一个国家或地区60岁及以上的人口比例超过10%，或者65岁及以上的人口比例超过7%，就表明其已经进入了“老龄化社会”，而当65岁及以上人口占比超过14%时被称为“老龄社会”，超过21%就可被视作“超老龄社会”。

据世界卫生组织和联合国的相关数据统计，在1990—2019年的三十年间，人类平均预期寿命从65岁增长到了73岁，而全球总和生育率（即每位妇女在育龄期生育的孩子个数）则由3.2降至2.5。在人口寿命普遍延长和生育水平持续下降的双重作用下，全球人口老龄化已经呈现出持续性的、不可逆转的趋势。从根本上说，这种人口年龄结构的转变是医疗、卫生、教育、生活水平提高和社会经济发展所获得的历史进步，但另一方面，历史上前所未有的人口老龄化现象也为人类的生活和未来发展增添了众多未知因素。

根据联合国的《2019年世界人口展望》中的数据，2019年世界总人数为77亿，其中平均每11人中就有1个人的年龄为65岁或以上，也就是说65岁及以上的人口在全球总人口中的占比达到了9%，而该比例在1960年和2000年仅为4.97%和6.89%。如图1-1所示，据联合国预测，在 2019 年至 2050 年期间，全球 65 岁及以上的人口会增加一倍多，成为增长速度最快的年龄组，预计到 2050 年其数量将会大于 5 岁以下儿童的两倍，同时超过 15 ~ 24 岁的青少年数量，届时老年人口数量将会达到 16 亿，占比超过 16%，并在 2100 年接近 23%。由此可见，全球层面的人口老龄化正在快速加深，且在很长一段时间内将会持续该种增长趋势。

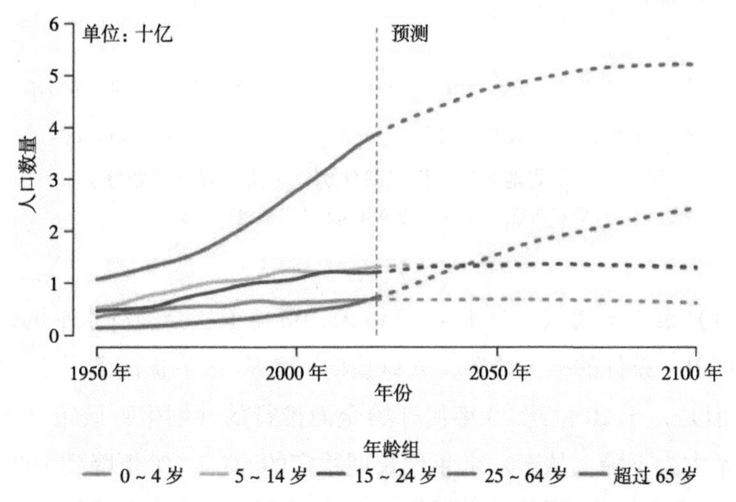

图 1-1　1950—2100 年按年龄组分列的全球人口估计数和预测数

（图片来源：联合国《2019 年世界人口展望》，其中不包括澳大利亚和新西兰）

虽然人口老龄化是社会进步的必经历程，世界上绝大多数国家都概莫能外，但就同一时间点而言，老龄化在各国的发展趋势有所差别，如图 1-2 所示。一般而言，与发展中国家相比，发达国家有着更低的生育率和更长的预期寿命。因此，其老龄化程度也更深。例如在联合国的数据统计，截至 2020 年，日本的人口老龄化程度最深，65 岁及以上人口占到了国民总人口的 28.4%，而同为发达国家的意大利、葡萄牙、波兰、芬兰紧随其后，均以高于 22% 的老年人口比例分列第二到第五位。总体而言，2020 年较发达地区 65 岁及以上人口比例为 19.3%，远高于欠发达地区（不包括最不发达国家）的 8.1% 和最不发达国家的 2.6%，而在发达国家的集中地——欧洲和北美洲，预计在 2050 年将达到 25%，比世界平均水平高出 9 个百分点。

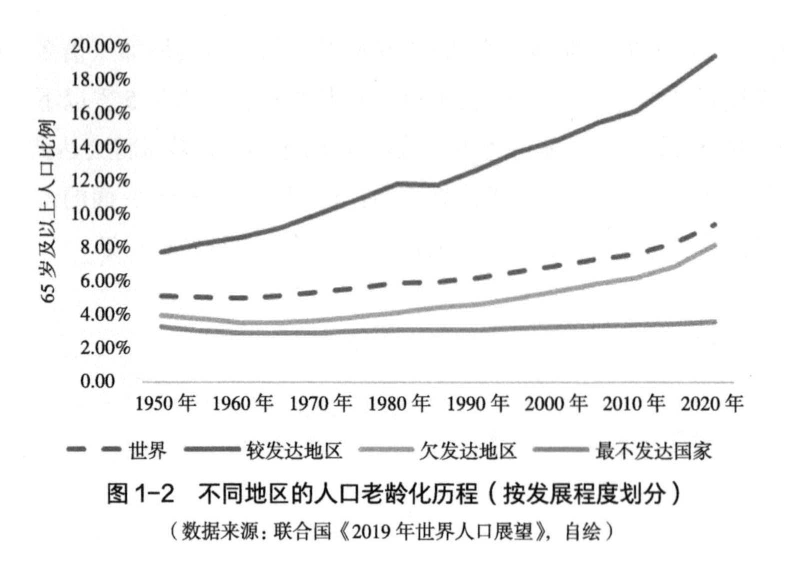

图 1-2 不同地区的人口老龄化历程（按发展程度划分）

（数据来源：联合国《2019 年世界人口展望》，自绘）

将目光聚焦于我国，自 1949 年以来，得益于社会经济水平的快速发展和医疗卫生条件的极大改善，人口预期寿命从 35 岁提高到了 2019 年的 77 岁。但是，于 20 世纪 70 年代开始全面推行的计划生育政策使得我国的生育率大大下降，从五六十年代长期稳定的 5% ~ 6% 下降到 1977 年的 2.84%，截至 2020 年更是下降到了 1.3%，仅为世界平均水平的一半左右，甚至比发达国家的平均水平还要低不少。通常人口学界将总和生育率 2.1% 作为世代更替率，也就是说在没有国际移民的条件下，一旦育龄妇女一生中生育的子女数少于 2.1，未来将发生人口负增长现象。因此，计划生育政策无疑加速了我国人口老龄化，早在 2000 年，我国 60 岁及以上老年人占到总人口的 10.2%，65 岁及以上的占比也达到 7%，开始进入老龄化社会。此后，老龄化程度不断加深（如图 1-3 所示）。据第七次人口普查的数据显示，截至 2020 年底，全国共 14.1 亿人，其中 60 岁及以上人口比重为 18.70%，65 岁及以上比重为 13.5%，与 20 年前相比，老年人占比将近翻了一倍，即将迈入中度老龄化社会（一般而言，60 岁及以上人口超过 10% 称为轻度老年化社会，超过 20% 称为中度老龄化社会，超过 30% 称为重度老龄化社会）。

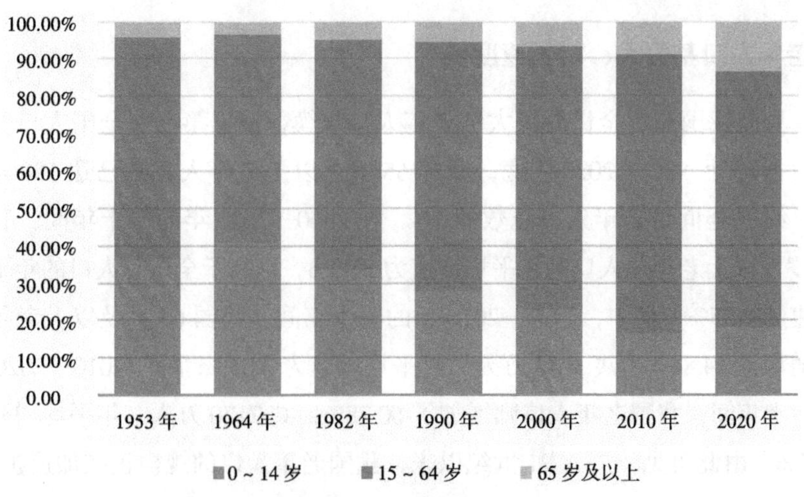

图1-3　我国历次人口普查年龄结构（自绘）

（数据来源：中国历次人口普查）

就未来发展趋势而言，虽然我国已于2015年、2021年全面放开二孩、三孩政策，但生育水平是人口预测中较难确定的参数，政策是决定性影响因素，同时社会经济现状和文化观念转变也极大地影响着人们生育意愿。从目前的情况来看，我国的低生育机制已然形成，该政策并没有带来生育率的大幅回升，对于延缓人口老龄化进程的效果有限，无法从根本上扭转老龄化趋势，至少在21世纪中叶之前，我国都将处于人口老龄化的高潮期，依旧延续着老年人口规模不断增长、比例快速提高的现象。2020年，中国发展基金会在发布的报告中预测，2022年我国65岁及以上的老年人占比将上升到14%，正式由“老龄化社会”进入“老龄社会”，而到2050年，我国则会有近3.8亿65岁及以上的老年人，占总人口数的27.9%，届时不仅将会比世界平均水平高出11个百分点，也会略高于发达国家的总体老龄化水平。

二、我国人口老龄化特点

纵观老龄化发展历程、现状和前景预测，我国的人口老龄化呈现出以下几个值得关注的特点。

1. 老年人口基数大、增长速度快

目前我国拥有全世界最大的老年人口规模，根据第七次全国人口普查的数据统计，截至2020年底，我国65岁及以上老年人总数已达19064万人，约占全世界老年人口总数的1/4。在2000—2020年的二十年间，我国65岁及以上老年总人口的年平均增速为3.93%，远高于全国总人口的年平均增速的0.55%，其中，2000—2010年的前十年间，我国65岁及以上老年人口增加了34.84%，共3073万人，年平均增速为3.03%；而在2010—2020年的后十年间，我国老年人口则增加了60.28%，共7170万人，年平均增速为4.83%。由此可见，进入21世纪以来，我国老年人口的规模正在加速扩大，中国发展基金会预测，我国的老年人口将在三十年后再翻一番，达到3.8亿。

如图1-4所示，我国老年人口数量的规模增长也带动了老年人口比例的迅速扩大，且大大快于世界人口老龄化的平均速度。根据联合国的数据统计，在2000年，世界65岁及以上老年人口占总人口比例的6.9%，与当时我国的6.96%极为接近，而在2020年，我国老年人口比例已然上升到了13.50%，世界总体水平却只增加到了9.3%。此外，我国65岁及以上老年人口比例将于2022年上升至14%，届时我国将成为世界上从老龄化社

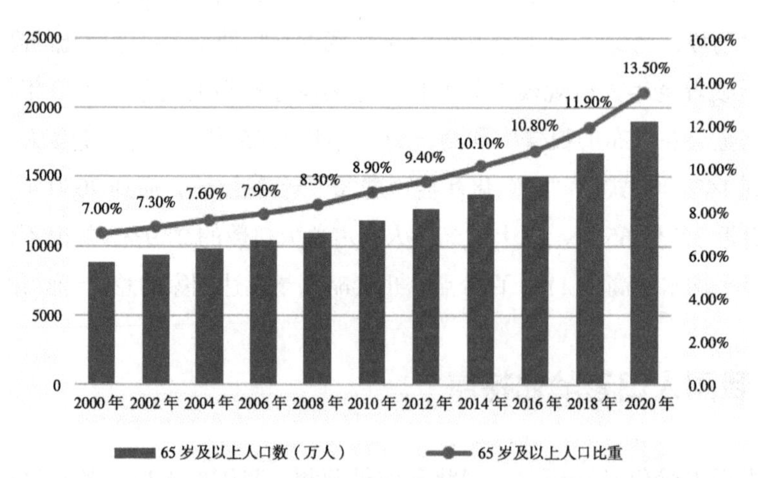

图1-4 我国2000—2020年65岁及以上人口总数及比重（自绘）

（数据来源：中国国家统计局）

会进入老龄社会速度最快的国家，此前日本用了24年，英国用了45年，德国用了65年，美国用了69年，法国用了115年，而我国仅仅经过约22年就完成了。

2. 老年抚养比持续上升

老年抚养比和少儿抚养比是指被照料者和照料者之间的比例，一般分别用65岁及以上人口与15～64岁劳动力人口之比、0～14岁少年儿童人口与15～64岁劳动力人口之比表示。由图1-5可知，自2000年以来，我国的老年抚养比不断上升且呈现出先慢后快的趋势，在前十年间从9.9%上升到了11.9%，而在后十年则从11.9%上升到了19.7%。可以预见的是，在未来相当长的一段时间内，我国的老年抚养比还将延续快速上升的势头，预计到2030年将超过少儿抚养比，成为社会的主要抚养负担。与此同时，我国的少儿抚养比呈现出先降后升的趋势，一方面是由于我国劳动力人口占比下降，另一方面是全面二孩政策的开放。虽然，少儿抚养比并不会因生育政策的调整而发生巨大的变化，未来会基本维持在27%左右，但在微观层面上还是会给家庭带来更为沉重的抚养负担，未来在育幼和养老方面需要国家和社会的相关支持与服务保障。

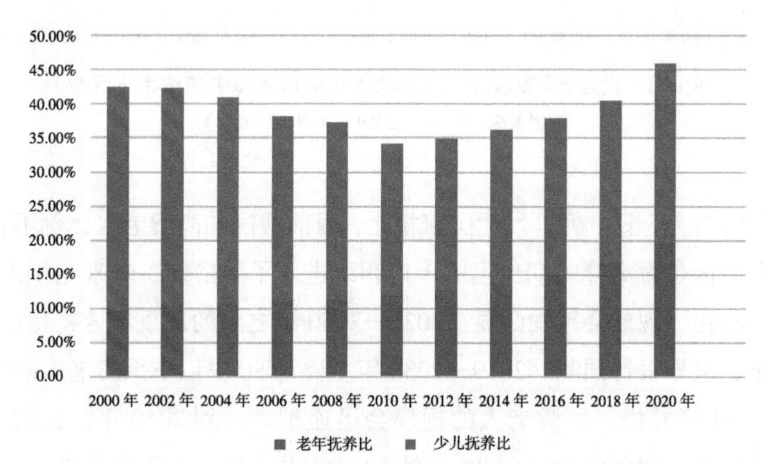

图1–5　我国各年老年抚养比与少儿抚养比（自绘）

（数据来源：中国国家统计局）

3. 未来老年人口高龄化明显

国际上一般将 80 岁及以上的人称为高龄老人，他们是老年人中最脆弱的群体，具有最突出的老年特征——体弱多病、生活自理能力差，大多数都需要家庭和社会提供经济、医疗、生活等方面的支持服务。随着医疗卫生水平的提高，我国高龄老人的数量也在逐渐增加，80 岁及以上的老年人口比例不断上升。依据联合国的数据，我国高龄老人占总人口的比重从 1960 年的 0.20% 上升为 2020 年的 1.85%，如图 1-6 所示。

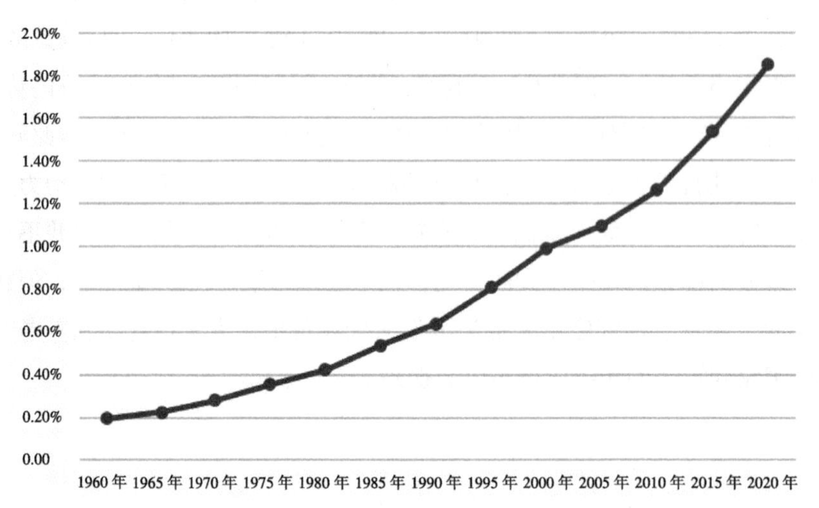

图 1-6　我国 80 岁及以上高龄老人在总占人口中的占比（自绘）

（数据来源：联合国《2019 年世界人口展望》）

尽管与美、日、韩等发达国家相比，目前我国的高龄老人比例不算高，但随着我国生育高峰时期出生的人口相继进入了高龄期，未来老年人口中的“高龄化”现象会越发凸显。2025—2050 年之间的比重增速将超过美国和日本，世界银行预测，2019—2038 年主要为 80 岁以下低龄老人的增长，而从 2041 年开始，高龄老人的规模会迅速扩大，到 2050 年，我国 80 岁及以上的人口比例将会达到 8%，是 2020 年的 4 倍。由于高龄老人的失能风险远大于低龄老人，对照料护理的要求也更高。因此，“高龄化”现象的到来将大大加重家庭和社会的养老负担，我国养老保障体系的完善和养老服务产业的发展迫在眉睫。

4. 家庭规模缩小、空巢老人多

与过去常见的“大家庭”群居生活不同，现代社会的人们更推崇“小家庭”的生活模式。在城市化进程中，我国的人口流动日趋频繁，住房市场也快速发展，大多在外打拼很多年的年轻人都会选择留在工作所在的城市重新安家，这样一来，原来的大家庭就被拆分成了多个小家庭，导致在人口低速增长的大环境下，家庭户数总量却快速增加。根据全国人口普查的数据，从 2010 年到 2020 年，我国的家庭户总量由 40152 万户增加到了 49416 万户，十年间共增加了 9264 万户，增幅达到了 23%，而总人口只增加了 7206 万人，这无疑会稀释平均家庭规模。与此同时，年轻人晚婚晚育、夫妻少子的趋势越发凸显，直接导致了家庭子女数量减少，自然也就发生了家庭规模的缩小现象。如图 1-7 所示，从 1982 年开始，我国的平均家庭户规模不断下降，截至 2020 年底仅为 2.62 人，与十年前相比减少了 0.48 人，与 1982 年比更是减少了 1.79 人。从历史经验来看，一个国家的平均家庭户规模是随着社会经济发展水平的上升而下降的，根据美国智库发布的数

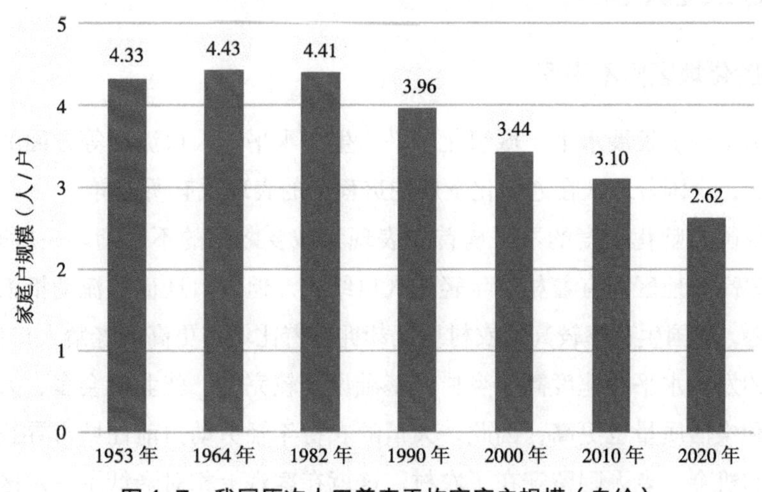

图 1-7　我国历次人口普查平均家庭户规模（自绘）

（数据来源：中国历次人口普查）

据，2020年世界平均家庭户规模为4.0人，其中美国、欧洲、日本、韩国分别为2.6人、2.5人、2.4人和2.5人。由此可见，虽然，我国只是一个发展中国家，但平均家庭户规模已经大大低于世界平均水平、直逼发达国家水平了。

平均家庭户规模日益缩小的背后，是我国传统家庭结构的逐渐瓦解，是空巢老人的不断增加。所谓“空巢老人”，就是指没有子女或与子女分开居住、平日里无法获得子女照顾的单居或夫妻双居的老人，他们不仅在生理上需要格外关照，在心理上也容易出现抑郁等失调症状。2016年世界卫生组织发布的《中国老龄化与健康—国家评估报告》显示，“三口之家”是当下中国的主流家庭模式，三代共居、四世同堂的情况已经不再普遍。1930年，仅有2.5%的中国家庭拥有一代人，而拥有两代人和三代人的家庭比例均为48%左右，此后拥有三代人和一代人的家庭数量此消彼长，尤其是在1990年以后趋势十分明显，到2000年，“一代家庭”的比例已经超过了“三代家庭”，到2010年，80%的中国家庭仅拥有一代或两代人。这个现象意味着我国空巢老人的规模在扩大，数据显示，2016年我国60岁及以上的空巢老人约有1.1亿人，其中独居老人超过2000万，《“十三五”国家老龄事业发展和养老体系建设规划》预计，2020年我国的空巢老人将增加到1.2亿人左右。

5. 老龄化地区间不平衡

由于经济发展水平、城镇化水平、生育水平、人口流动等方面的不均匀发展，全国各地区在老龄化发展的进程上的表现也有所差异。

我国老龄化程度的不平衡首先表现为城乡之间的不平衡。一般来说，生育率高的地区拥有着相对年轻的人口结构，但人口迁徙和流动抵消了这种趋势，我国生育率较高的农村地区却拥有着比城市更高的老龄人口比例。城市的发展水平和速度高于乡村，基础设施较完善、就业机会多、人民的收入和生活质量也更高，因此，大量的农村年轻劳动力前往城市寻找安家立业的机会，老人则留守在了农村。这就在客观上相对降低了一定区域范围内的城市老年人口比例，而提高了农村老年人口比例。如表1-1所示，从1982年到2020年，乡村的老龄化程度一直大于城镇，尤其是在我国城镇化进程飞速发展的过去二十年间，城乡之间的老龄化差距被进一步拉大，由2000年1%左右的比例差值扩大到2020年的6.61%。

我国历次人口普查65岁及以上老年人口占比（按城乡分）　表1-1

年份 \ 级别	乡	镇	市
1982年	5.00%	4.21%	4.68%
1990年	5.64%	5.49%	5.53%
2000年	7.74%	6.25%	7.00%
2010年	10.06%	7.79%	7.69%
2020年	17.72%	11.11%	

（数据来源：中国历次人口普查）

除城乡差距外，我国各省市的老龄化程度也存在较大差异。2020年，辽宁省65岁及以上的人口占比是西藏自治区的三倍多，高出了近12个百分点。总体而言，由于东部沿海地区的经济社会发展水平在全国处于较为领先的地位，省外的年轻劳动人口输入对降低老龄人口比例的作用有限，因此，相较于中西部地区，我国东部省市的老龄化程度普遍更深。但可以发现，65岁及以上人口占比排名前三的省市分别是辽宁、重庆和四川，而非东部沿海的经济发达省市，产生这一现象的原因依然是人口流动，四川省就是我国最大的劳务输出省之一，中西部和东北地区的青壮年劳动力受到东南沿海地区自身优越的自然条件和发展机遇的吸引，选择离开家乡，由此，增加了原居地的老龄化程度。

6. 人口老龄化超前于经济发展

目前有着老年型人口结构的国家几乎都是发达国家，这些国家在进入老龄化社会时，社会经济发展水平已经达到了较高水平，而我国由于自身的特殊国情，在尚未完成现代化建设、经济尚不发达的情况下就提前遭遇了老龄化问题，属于"未富先老"。美国在20世纪40年代中期步入老龄化社会时，人均 GDP 已经超过 1500 美元；1970 年日本进入老龄化社会时，人均 GDP 达到 2000 美元；韩国在 1999 年步入老龄化社会时，人均 GDP 超过了 10000 美元；而几乎与韩国同时进入老龄化社会的我国，当时的人均 GDP 还不足 1000 美元。上述数据仅仅是直接从数值上进行比较，如果考虑几十年间的通货膨胀等因素，我国与发达国家面临老龄化问题时的经济发展水平差距更大。这表明与发达国家相比，我国承受人口老龄化的福利水平和经济能力偏低，在解决该问题时会面临更大的困难。

第二节　我国的养老服务政策

一、养老服务政策发展简述

1982 年，我国政府第一次关注到了人口老龄化问题，成立了全国老龄工作委员会，并初步建立起了从中央到地方各级的老龄工作网络。在此背景下，我国出台了《关于老龄工作情况与今后活动计划要点》（中老字 [1983]2 号）、《关于加强我国老年医疗卫生工作的意见》（1985）等相关政策文件，提出各地可根据不同条件，有计划有步骤地建立老年人活动中心、老年人之家，并建议开设老年人家庭病床、老年人日间公寓，这是国家首次在政策文件中涉及养老服务。但是，由于 2000 年以前我国尚未进入老龄化社会，养老问题没有受到人们的普遍重视，对于养老服务的概念及其重要性不明晰，因此，相关政策文件数量很少，针对性和实践性也很弱。

直到 21 世纪初，老龄化社会的到来成为我国养老服务政策及服务体系发展的重要节点。2000 年，在《中共中央、国务院关于加强老龄工作的决定》（中发 [2000]13 号）中提出要“建立家庭养老为基础、社区服务为依托及社会养老为补充的养老机制”，这也成为至今为止我国养老服务政策的重要导向和发展目标。2013 年 8 月 16 日召开的国务院常务会议再次补充强调要全面建成以居家为基础、社区为依托、机构为支撑的覆盖城乡的多样化养老服务体系，把服务亿万老年人的“夕阳红”事业打造成蓬勃发展的朝阳产业，使之成为调结构、惠民生、促升级的重要力量。根据此次会议精神，印发了《国务院关于加快发展养老服务业的若干意见》（国发 [2013]35 号），提出了发展养老服务业的总体要求、主要任务和政策措施，标志着养老服务体系的建设正式被纳入了国家战略，成为国家解决养老问题的工作重心。此后，国家各相关部委及地方政府积极响应，从各自领域和实际情况出发颁布了大量的养老服务政策。通过对政策的整理与解读，可以看出目前我国养老服务业的发展主要聚焦在医养结合、智慧养老、老年宜居环境建设和养老机构建设等方面。

二、政策分类梳理

1. 医养结合

“医养结合”就是指将生活照料服务与医疗康复关怀相结合，是一种传统养老模式的延伸。相较于其他的养老服务内容，老年人由于身体机能下降，往往体弱多病，对于医疗保健的需求更为迫切，在我国不同阶段的养老服务政策中对此也均有重点体现。

早在 1985 年，国家原卫生部就提出了“家庭病床”的概念，在我国随后十几年的养老政策中也多次强调要大力发展老年家庭病床，渐渐开始注重发挥基层在医疗服务中的作用，将社区卫生服务的发展提上日程，推广送医上门、家庭护理、临终关怀等服务。因此，卫生医疗服务不断向家庭、社区延伸，“家庭病床”成为我国老年人居家养老接受医疗照护的一项重要内容，为日后医养结合理念的形成和发展奠定了基础。

医养结合政策第一阶段梳理　　表 1-2

时间	政策文件	相关内容
1985.01	《关于加强我国老年医疗卫生工作的意见》	大力开展家庭病床，方便行动不便的老年病人
1994.12	《中国老龄工作七年发展纲要（1994—2000 年）》	广泛建立老年家庭床，送医上门
2001.07	《关于加强老年卫生工作的意见》（卫疾控发 [2001]205 号）	大力发展社区卫生服务，提供家庭出诊、家庭护理、日间观察、临终关怀等服务

2011 年进入“十二五”规划时期以后，老年人的健康支持体系建设成为了养老事业发展的主要任务之一；2013 年，国务院首次明确提出将医疗卫生服务与养老服务相结合，开始探索发展的新模式；次年，国家发展和改革委员会联合民政部等九个部门共同发文，正式提出了“医养结合”的表述；随后，在国家层面对其进行了多次补充，从内涵、目标、任务、组织等方面不断完善发展“医养结合”理论体系，使之成为我国养老服务领域中的一大发展方向。

医养结合政策第二阶段梳理　　表 1-3

时间	政策文件	相关内容
2011.09	《中国老龄事业发展“十二五”规划》（国发 [2011]28 号）	大力推进老年健康支持体系建设，对 65 岁及以上的老年人开展健康管理服务，建立健康档案，做好指导和干预
2013.09	《关于加快发展养老服务业的若干意见》（国发 [2013]35 号）	加快发展健康养老服务，促进医疗卫生资源进入养老机构、社区和家庭，推动医疗结构和养老机构之间的合作
2013.10	《关于促进健康服务业发展的若干意见》（国发 [2013]40 号）	要在养老服务中充分融入健康理念，对于医疗服务与养老服务资源要合理统筹布局，形成规模适宜、功能互补、安全便捷的健康养老服务网络
2014.09	《关于加快推进健康与养老服务工程建设的通知》（发改投资 [2014]2091 号）	正式出现了“医养结合”的表述，将养老院和医养结合服务设施、社区老年人日间照料中心、老年养护院、农村养老服务设施并列为养老服务体系的 4 类项目
2015.03	《全国医疗卫生服务体系规划纲要（2015—2020 年）》（国办发 [2015]14 号）	正式明确了“医养结合”的概念并对其进行了专门论述，同时补充增加了开展远程服务和移动医疗等要求
2015.11	《关于推进医疗卫生与养老服务相结合的指导意见》（国办发 [2015]84 号）	对医养结合的基本原则、发展目标、重点任务、保障措施、组织实施进行了说明，在养老机构和医疗机构的合作模式、服务类型和范围、投融资和财税价格机制、人才队伍建设等方面提出了总体建议

从 2016 年开始，“医养结合”从理论走向实践，相关项目逐渐落地实施，建立了一批试点项目和示范基地。与此同时，相关部门出台政策将“医养结合”的任务和责任分配到各单位，在审批流程、税费优惠、服务规范及监测评估等方面进行细化部署，为逐步开展试点工作提供了有力支持，使智慧养老落实到实践中。至此，我国的医养结合政策从宏观设计落实到了具体操作，医养结合的养老体系逐步建立了起来。

医养结合政策第三阶段梳理　　表 1-4

时间	政策文件	相关内容
2016.01	《2016 年卫生计生委工作要点》(国卫办发 [2016]6 号)	要启动医养结合项目试点
2016.02	《关于中医药发展战略规划纲要(2016—2030 年)的通知》(国发 [2016]15 号)	探索设立特色中医药特色医养结合机构，建设一批示范基地
2016.03	《医养结合重点任务分工方案》(国卫办家庭函 [2016]353 号)	明确了医养结合的工作重点及其负责单位
2016.04	《关于做好医养结合服务机构许可工作的通知》(民发 [2016]52 号)	提出简化医养结合服务机构申办流程，要求地方相关部门打造“无障碍”审批环境
2016.05	《关于遴选国家级医养结合试点单位的通知》(国卫办家庭函 [2016]511 号)	通过遴选试点地区启动试点工作
2017.11	《“十三五”健康老龄化规划重点任务分工的通知》(国卫办家庭函 [2017]1082 号)	要求研究出台老年人健康分级标准、建设综合性医养结合服务机构示范基地和社区示范基地、建设医养结合监测平台并开展监测和评估工作等
2019.10	《关于深入推进医养结合发展的若干意见》(国卫老龄发 [2019]60 号)	制定出台了医养签约服务规范，鼓励金融机构投资举办医养结合机构，加大了税费优惠、土地供应、金融支持等政府支持力度，完善价格政策，设立医养结合培训基地，进一步细化了医养结合的政策规范

2. 智慧养老

21 世纪以来，我国的信息技术发展迅速，大数据、云计算、物联网及人工智能等新技术已经改变了人们的生活方式，我国互联网服务体系的不断发展，也为智慧养老提供了信息支撑平台，从而更好地满足老年群体的需求。

2008 年初，全国老龄办等 10 部门联合发文，开始关注信息化养老，将信息技术引入养老服务产业。随后的几年里，中央陆续下发政策文件，从居家、社区、机构等多方面进一步加强养老的信息化建设，但这一时期还属于前期积累阶段，政策内容主要还停留在信息平台的建设，重点推进信息采集、健康监测、网上办公、预约呼叫等服务，距离真正意义上的“智慧养老”较远。

智慧养老政策第一阶段梳理　　表 1-5

时间	政策文件	相关内容
2008.01	《关于全面推进居家养老服务工作的意见》（全国老龄办发[2008]4 号）	依托城市社区信息平台，在社区普遍建立为老服务热线、紧急救援系统、数字网络系统等多种求助和服务形式，建设便捷有效的为老服务信息系统
2011.09	《中国老龄事业发展“十二五”规划》（国发 [2011]28 号）	加快居家养老服务信息系统建设，建立老龄化事业信息化协同推进机制，建立老龄信息采集、分析数据平台，完善城乡老年人生活状况监测系统
2011.12	《社会养老服务体系建设规划（2011—2015）》（国办发[2011]60 号）	构建社区服务信息网络和服务平台，发挥社区综合性信息网络平台的作用，在养老机构中应建立老年人基本信息电子档案，通过网上办公实现对养老机构的日常管理，实现居家、社区与机构养老服务的有效衔接

从 2013 年开始，我国的养老服务开始从信息化养老走向智能养老，政策中越来越强调互联网、物联网与智能化的作用，支持运用新技术创新养老服务的新模式和新内容，试点定位求助、跌倒检测、老人行为智能分析等服务，高新技术在养老服务体系中的应用更加深入务实，不再浮于表面。

智慧养老政策第二阶段梳理　　表 1-6

时间	政策文件	相关内容
2013.09	《关于加快发展养老服务业的若干意见》（国发 [2013]35 号）	发展居家网络信息服务，支持运用互联网、物联网等技术手段创新居家养老服务模式
2013.11	《关于印发 10 个物联网发展专项行动计划的通知》（发改高技 [2013]1718 号）	“智能养老物联网应用示范专项行动”在列
2014.07	《关于开展国家智能养老物联网应用示范工程的通知》（民办函 [2014]222 号）	确定了开展智能养老物联网应用试点工作的 7 家养老机构，主要任务包括：①应用物联网技术开展老人定位求助、跌倒自动检测、卧床监测、痴呆老人防走失、老人行为智能分析、自助体检、运动量评估、视频智能联动等服务；②探索对周边社区老人开展服务的新模式；③加快建立智能养老服务物联网技术标准体系

2015 年以后，在建设完善“互联网 +”产业体系的背景下，我国的养老服务政策又得到了更深化的认识，从智能化养老向智慧化养老迈进，内涵不断丰富。这一阶段国家密集出台了很多相关政策并进行部署推进，鼓

励研发可穿戴设备、智能终端及智慧平台等关键技术产品，引入大数据分析提高信息收集和处理能力，改善养老服务质量。与此同时，还对组织工作、资金投入、市场培育等实施细节进行部署，逐步开展试点工作，使智慧养老落实到实践中。

智慧养老政策第三阶段梳理　　　　**表 1-7**

时间	政策文件	相关内容
2015.07	《国务院关于积极推进“互联网 +”行动的指导意见》（国发 [2015]40 号）	提出要利用互联网优势，降低服务成本、发展新兴消费，促进智慧健康养老产业发展
2016.09	《关于中央财政支持开展居家和社区养老服务改革试点工作的通知》（民函 [2016]200 号）	探索多种模式的“互联网 +”居家和社区养老服务模式和智能养老技术应用，促进供需双方对接，为老年人提供质优价廉、形式多样的服务
2017.02	《智慧健康养老产业发展行动计划（2017—2020 年）》（工信部联电子 [2017]25 号）	将可穿戴设备、智能检测、监护设备等关键技术产品研发，健康管理、信息咨询、信息化服务等智慧养老服务完善，新型智慧养老平台建设，智慧健康养老行业规范与评估体系构建等作为行业发展的几大方向，同时对组织工作机制、资金投入机制、市场培育、示范点建设等进行了全方位部署
2017.02	《“十三五”国家老龄事业发展和养老体系建设规划》（国发 [2017]13 号）	要扩大为老服务综合信息平台在城乡地区的覆盖，实施“互联网 +”养老工程，开发应用智能终端和居家社区养老服务智慧平台、信息系统、App 应用、微信公众号等，重点拓展远程提醒和控制、自动报警和处置、动态监测和记录等功能，规范数据接口，建设虚拟养老院，推进老人基础信息分类分级互联共享，建立基于大数据的可信统计分析决策机制
2017.07	《关于开展智慧健康养老应用试点示范的通知》（工信厅联电子 [2017]75 号）	开展智慧健康养老示范工作
2018.04	《促进“互联网 + 医疗健康”发展的意见》（国办发 [2018]26 号）	将智慧养老与医疗健康进行融合，支撑医养结合的发展

3. 老年宜居环境建设

老年友好型社会环境是建设老年宜居环境的前提条件。1996 年，国家颁布了第一部专门针对老年人的法律——《中华人民共和国老年人权益保障法》，保障老年人合法权益、发展老龄事业，可谓是老龄事业的一个里程碑。该法中还明确指出要“发展社区服务，逐步建立适应老年人需要的生活服务、文化体育活动、疾病护理与康复等服务设施和网点”，为老年宜居环境的建设提供了法律基础。随后国家在2009年、2012年、2015年、2018年又对《老年人保障法》分别进行了四次修订，保证其充分符合时代精神，例如在2012年的修订版本中就在原有六章的基础上，增加了社会服务、社会优待和宜居环境三章内容，从医疗、交通、公共设施、服务、居住等多方面进一步提出了老年友好型社会的构建要求。2019年11月，国务院办公厅印发了《国家积极应对人口老龄化中长期规划》，明确提倡积极应对人口老龄化，强调要设计优质的养老服务产品，提升老年服务业的科技创新水平，建设老年友好型社会，构建养老、孝老、敬老的社会环境。

此外，根据当前我国的养老政策和实际情况，以家庭为核心、以社区为依托的社区居家养老依然将会是老龄群体的主要养老方式。因此，便利的生活设施和适老化的居家、社区环境更是老年群体获得高质量、高舒适度的日常生活的基础。1993年，民政部等14部委联合发布了《关于加快发展社区服务业的意见》，提出社区要为老年人提供服务，还设立了到20世纪末85%以上的街道都兴办一所老年公寓（托老所）的目标。为了规范符合老年人特征的建筑物设计，1999年相关政府部门制定了《老年人建筑设计规范》，为基底环境设计、建筑设计、建筑设备与室内设施等方面提供了标准。进入21世纪以后，我国人口老龄化程度迅速加深，社区居家养老的重要地位日益凸显，因此，国家层面出台了一系列相应政策，重点在城市地区推进住宅空间的适老化改造、公共空间的无障碍设计和社区养老服务体系的建设，同时在乡镇地区配置老年服务站点，从而优化我国老年人的居住环境、提高生活水平。

社区居家养老政策梳理 **表1-8**

时间	政策文件	相关内容
2007.05	《“十一五”社区服务体系发展规划》（发改社会[2007]975号）	大力发展社区居家养老服务，重点面向老年人及其家庭商品递送，医疗保健，日间照料、陪伴等服务
2008.02	《关于全面推进居家养老服务工作的意见》（全国老龄委发[2008]8号）	要力争80%左右的乡镇拥有一处集院舍住养、社区照料、居家养老等多种服务功能于一体的综合性老年福利服务中心，1/3左右的村委会和自然村拥有一所老年人文化活动和服务的站点

续表

时间	政策文件	相关内容
2012.09	《城市道路和建筑物无障碍设计规范（GB 50763—2012）》	充分考虑老年人的行动特征出台无障碍设计规范
2014.07	《关于加强老年人家庭及居住区公共设施无障碍改造工作的通知》（建标 [2014]100 号）	推进无障碍改造，并指出要优先安排特殊困难老年人家庭
2017.02	《"十三五"国家老龄事业发展和养老体系建设规划的通知》（国发 [2017]13 号）	鼓励有条件的地方开展家庭住宅的适老化改造工作，并对困难老年人家庭给予适当补助
2020.07	《关于加快实施老年人居家适老化改造工程的指导意见》（民发 [2020]86 号）	提出居家适老化改造项目和老年用品配置推荐清单，指导各地根据多层次的改造要求确定合理的项目内容

4. 养老机构

1994 年，原国家计划委员会等部门发布《中国老龄工作七年发展纲要（1994—2000）》，鼓励扶持社会组织或个人兴办敬老院、养老院、托老所、老龄公寓等老年福利机构，提出多渠道筹措老龄设施，养老机构的经济来源不再局限于政府财政。随后，国家税务总局、民政部等部门先后出台了《关于对老年服务机构有关税收政策问题的通知》（财税 [2000]97 号）、《关于支持社会力量兴办社会福利机构的意见》（民发 [2005]170 号），在税收优惠和财政补贴上支持社会力量投资兴办福利性、非营利性的养老服务机构，促进了我国养老机构数量的不断增长。

2013 年，在相关政策的推动下，我国养老机构开始新一轮的改革，加大了对社会资本的吸引力度。6 月，民政部相继颁布了《养老机构设立许可办法》和《养老机构管理办法》，规定了养老机构的范围、性质、许可条件及其流程；又于 12 月印发了《关于开展公办养老机构改革试点工作的通知》（民函 [2013]369 号），进一步明确养老机构的职能，并为探索"公建民营"等模式奠定了政策基础。随后，《关于减免养老和医疗机构行政事业性收费有关问题的通知》（财税 [2014]77 号）、《关于鼓励外国投资者在华设立营利性养老机构从事养老服务的公告》（商务部公告第 81 号）、《关于鼓励民间资本参与养老服务业发展的实施意见》（民发 [2015]33 号）等政策又进一步增强了对养老机构的优惠力度，例如对符合条件的小型微利养老服务企业，按照相关规定给予增值税、所得税优惠；对民办养老机构提供的育养服务免征营业税；养老机构在资产重组过程中涉及的不动产、土地使用权转让，不征收增值税和营业税。

随后，民政部联合多部门于 2016 年发布了《关于支持整合改造闲置社会资源发展养老服务的通知》（民发 [2016]179 号），指出要“充分挖掘限制社会资源，引导社会力量参与，经过一定的程序，整合改造成养老机构”等；次年 2 月，国务院印发的《“十三五”国家老龄事业发展和养老体系建设规划》（国发 [2017]13 号）再次明确“鼓励整合改造企业厂房、商业设施、存量商品房等用于养老服务”，为养老机构的建设和社会力量的参与形式开拓了新道路。2019 年初，为了贯彻落实 2018 年修订的最新版《中华人民共和国老年人权益保障法》内容，民政部又发文正式取消了养老机构的设立许可，进一步消除了社会资本进入壁垒。

总体而言，经过几十年的发展，我国的养老政策已经初步形成体系，并随着时代的发展不断将新技术引入养老服务中。但在政策的实践落地的过程中，依然存在着一些困难，这需要政策的进一步细化、地方政府的积极推动和社会公众的协作配合等多方面的努力，把书面政策转化为老年人的切实利益。

第三节　老年人养老模式选择

随着我国生育率的降低和人均预期寿命的延长，人口老龄化已是大势所趋。第七次全国人口普查显示：15 ~ 59 岁人口为 89438 万人，占 63.35%；60 岁及以上人口为 26402 万人，占 18.70%（其中，65 岁及以上人口为 19064 万人，占 13.50%）。与 2010 年相比，15 ~ 59 岁人口的比重下降 6.79 个百分点，60 岁及以上人口的比重上升 5.44 个百分点，我国人口老龄化程度进一步加深，未来一段时期将持续面临人口长期不均衡发展的压力。人的寿命因医疗水平的提高而有所增加，老龄阶段也就越来越长，如果老年人养老问题不能得到很好地解决，势必会为其家庭和子女带来沉重的精神压力与经济负担，进而影响到整个社会的安定和谐。因此，日益增长的老年人养老问题也就成了我们不可忽视的重要议题。

当前主要的养老模式有："居家养老""机构养老"及"社区养老"。这三种养老模式之间的相互关系是：以居家养老为基础，社区养老为依托，机构养老为补充形成具有中国特色的养老模式。养老模式的选择取决于多方面因素，但最重要的还是取决于老年人的自身需求，老年人会根据自身需求对各种养老模式进行优劣比较，做出一种合乎客观条件和主观意愿的择优、择善的选择。后文对此展开养老模式及其选择影响因素的探讨。

一、养老模式

1. 家庭养老

养老模式的选择受制于一个社会的经济发展水平和文化传统，不同社会和同一社会的不同发展阶段，养老模式会有很大的不同。农业社会主要由具有血缘或亲缘关系的家庭为老年人提供赡养，即家庭养老。现代化的家庭养老是以传统的家庭养老为主，一般化的机构养老为辅助的模式，其主要表现在老年人个人家庭和有组织机构的养老院等的有机结合。家庭养老大致包含以下几种具体形式：

（1）依靠子女照顾的居家养老；

（2）老年人之间相互照顾的居家养老；

（3）老年人可以自我护理的居家养老；

（4）雇佣小时工照管的居家养老；

（5）雇佣保姆上门服务的居家养老；

（6）CCRC 老年地产（又称持续照料退休社区：完全自理、需要半护理以及全护理的年长人士在这里都能够获取相对应的居住产品，可以满足不同年龄段对居住和配套服务的要求）。

2. 机构养老

机构养老是指以社会机构为养老地，依靠国家资助、亲人资助或老年人自备的形式获得经济来源，由专门的养老机构，如福利院、养老院、托老所等，统一为老年人提供有偿或无偿的生活照料与精神慰藉，以保障老年人安度晚年的养老模式。这里列举以下三种各具特点的形式：

（1）老年人公寓，其特点是费用高、服务活动多、服务水平高，主要是针对生活可以自理的或只是有轻微障碍的老年人；

（2）敬老院或养老院，特点是费用标准分高、中、低三个级别，主要也是针对生活可以自理的或只是有轻微障碍的老年人；

（3）养护或护理院，特点也是费用标准分高、中、低三个级别，主要针对生活可以自理或失智失能的老年人，同时机构服务设有康复功能。

3. 社区养老

工业社会以来，家庭养老功能萎缩，大多数国家建立了社会保障制度，很多老年人依靠退休金生活 ，即社会养老。社区养老服务是指老年人住在自己家庭或自己长期生活的社区里，在得到家人照顾的同时，由社区的相关组织承担养老工作或托老服务的养老模式，社区主要提供家政服务中心、社区医疗服务中心、文体活动中心等设施来满足老年人的日常生活需要。社区居家养老模式以其环境的熟悉性和生活的便利性将会有很大的发展空间和社会需求。

4. 以房养老

“以房养老”是以房产所有权、使用权、收益权为基础，通过金融手段和工具提升房产利用率和资产转化率，达到提高房产所有人老年生活质量的一种非积累制养老资金筹集的模式。在广义层面上，按照金融机构在资产转换过程中的参与深度，“以房养老”通常可以分为租房养老、售房养老和抵押养老三种类型；但在狭义层面上，“以房养老”主要是指围绕“抵押养老”开发的各类养老金融产品。

从产品特征来看，"抵押养老"的金融属性最鲜明，其不是房产与资金的直接转换，而是以金融机构为中介，实现不同期限和不同类型资产的匹配转换。因此，通常需要完善的金融和法律方面的支撑和保障，对一国金融市场和法律制度的发展水平提出了较高要求。从产品设计初衷来看，"以房养老"并不是以获取高额收益为目标，而是为了以房屋产权远期价值换取当期养老所需的资金。因此，这种养老模式应定位为降低个人养老风险的金融工具，是一种风险回避型金融产品，更多涉及金融层面的设计研究，本书后续不做探讨。

5. 以地养老

所谓"以地养老"，简而言之是农村老年人通过耕种家庭承包土地，获得农副产品及收入，自主地满足养老的生活所需的养老模式。以地养老的经济制度基础是农村承包责任制，家庭内部的代际分工是其社会基础。以地养老是历史的，是宏观结构和个体理性互动的结果，体现的是城乡二元经济社会结构。在经济社会发展推动城乡融合的背景下，以地养老必然历史地消解，本书后续不做探讨。

二、养老模式选择影响因素

经济因素是社会普遍关注的因素之一，而对于 60 岁及以上的老年人而言，几乎已经退出劳动力市场，因此，在经济方面关注的代理变量主要是离退休待遇。有学者指出，由于享受离退休待遇的老人拥有比较可靠的生活费来源，经济上的独立性较强，因而对非家庭养老模式持更高的认可态度，而无业或下岗的居民相对于离退休人员反而更加倾向于在年老时和子女住在一起，以获得子女的照顾和更大的保障。

从总体趋势来看，年龄越大、自理能力越强的老年人越倾向选择居家养老模式；文化程度越高、收入水平越高的老人，越倾向于选择非居家养老模式。

多数研究表明，老年人健康状况越好，越倾向选择居家养老模式。有学者指出，在身体健康、生活能够自理的前提下，老年人更倾向于独自居住，因为他们认为单独居住生活更加自在，能够减少因为生活习惯、饮食偏好、思想代沟以及家庭关系，特别是婆媳关系而带来的矛盾。健康状况很差的老年人选择社区、机构养老模式的可能性比选择居家养老模式高将近一倍。在生活不能自理时，城市接近 1 /4 的老年人希望到机构养老，还有一些希望与子女同住，但相当一部分老年人仍希望独居。由此可见，老年人的身体健康状况是作为一种限制性的条件被纳入考虑范围的，老年人养老模式的选择受到老年人自理能力的影响。

配偶在养老中的作用在很多研究中受到普遍认可，有研究表明，健在的老伴在照顾配偶方面发挥着主要作用，有配偶且同住的老年人与有配偶不同住、离婚、丧偶的老年人相比更倾向于不与后代同住，且有偶老人比无偶老人更倾向于赞成非家庭养老模式。当然，由于高龄老人丧偶比例较大，加之中国传统的“养儿防老”观念，因此，各类研究中对子女养老功能的关注度更高。此外，相关研究表明，受中国传统“孝道”文化的影响，相比育有女儿的老年人，育有儿子的老年人更倾向选择居家养老模式。

社区环境是老年人养老的外在环境，可视为养老资源和养老服务的供给。对于老人而言，所在社区是否能够提供养老所需的一些配套服务，对养老设施和机构是否了解，都可能对养老模式的选择造成影响。总体而言，关注此类影响因素的文献较为少见，有少量的文献指出，和邻里亲友的交往和谈心，能表露和交流情绪和感受，消融家庭和社会生活中的苦闷与烦恼，排除老年人常有的孤独和失落感，从而满足其情感需求。另外，政府提供的养老资源越多，则人们对政府支持下的集体养老社区模式会更有信心。因此，社区的环境以满足老年人情感需求和提供养老资源可获得性的模式影响着老年人的养老选择。

三、总结与评述

家庭养老的基础是我国传统的“子养父”等孝道文化的传承，但是由于家庭结构的变化，劳动力的流动，导致家庭养老模式的不可持续性。从实证的结果来看，女性、受教育年限少、子女数量多、同吃同住人数多、有配偶、健康程度较差、不担心养老问题等具有这些因素特征的老年人对家庭养老模式较为偏好。因此，国家在大力推行社会养老的同时要加强“子养父”的责任与观念，政策上鼓励家庭的赡养责任和家庭养老模式。

政府和社会应该采取多种形式，开展敬老爱老教育，协调有老家庭关系，从家庭内部解决问题，强化家庭养老功能，提高老年人的生活满意度，切实保障居家养老的质量。在社会养老保障制度模式的选择和建设过程中，既要发挥政府政策制定的宏观导向功能，又要顾及社会提供相关服务的能力和水平，更应该从目标群体的实际需要出发，寻找适合中国国情的养老模式，满足不同阶层、不同收入水平和不同需求水平老年人的现实需要，提高我国社会养老的政策回应度。

随着社会机构养老模式多层次性发展的趋势，在大城市发展完善社区居家养老模式的同时，政府应进一步加强对公立养老机构的建设，增加对中低收入阶层公立养老机构的供给。同时，应支持民营资本增加对不同层次社会机构养老模式的供给，支持鼓励社会资本增加对高端社会养老机构的供给，以满足城镇居民对高端社会养老机构的需求，也缓解中低层次社会养老机构供给的压力。

随着社会发展，养老模式从居家养老向社会养老和居家养老结合的模式转变，尽管尊老敬老是我国优秀文化传统，但是随着我国社会不断地发展，家庭养老面临着各种挑战，家庭养老功能出现了弱化的趋势。家庭养老功能面临的挑战主要在两个方面：一是家庭能够提供的养老资源的数量减少，二是老年人对养老资源需求质量的增加。这就要求国家和政府、社会组织和市场共同承担起国民社会服务职能，推进社会养老的建设步伐，为社会的稳定健康持续发展做出贡献。

第四节　老龄化带来的机遇和挑战

一、老龄化带来的影响

伴随着全球性人口老龄化的到来，社会结构的改变正广泛而深刻地影响着人类经济社会生活的各个方面。人口老龄化所产生的问题或影响，以及应对老龄化带来的机遇和挑战，均关系到经济社会发展的方方面面。具体来说，老龄化对于宏观层面下的经济与社会发展和微观层面下的家庭与企业的影响主要体现在以下几个方面：一是对于经济增长与发展速度的影响；二是对于国民总消费的影响；三是对于政府和社会的影响；四是对于产业结构的影响。

1. 老龄化影响经济增长和发展速度

根据现代经济增长理论，经济增长的重要来源为资本积累、劳动力的增加和技术的进步，而老龄化社会无疑对以上三个来源都会产生一定的影响。

老龄化或将减小劳动力有效供给。人口老龄化带来的不仅是老年人口规模的增加和比重的增大，还意味着其他年龄组人口的相应变化，尤其是劳动年龄人口的规模和比重都将会随着老龄化发展而呈现出相应的变化，从而，对社会经济产生更为深刻和直接的影响。发达国家人口老龄化的经验表明，劳动力供给不足是人口老龄化最直接的影响。而对于中国，已有大量学者的研究预测我国在今后的五到十年后，劳动力人口总量将呈现出下滑的趋势（杨雪等，2011；郭建华，2011；童玉芬，2014；呼倩，2019）。更重要的是，劳动力人口仅仅为潜在劳动力数量，实际中积极参与就业的人口仅为劳动力总数的一部分，通常用劳动力参与率来表示。

我国的劳动参与率一直较高，20 世纪 80 年代初高达 86. 95%，而到 2000 年我国的劳动参与率已经下降到 82.35%，到 2020 年，根据第七次人口普查的最新数据，我国的劳动参与率已经下降为67.47%。因此，老龄化伴随的不仅仅是劳动力总人口的下降，还有劳动力参与率的降低。这两个因素的合并将进一步导致我国经济体内劳动力总供给的减少，经济发展速度的提高面临一定的挑战。

老龄化影响资本的积累。投资是推动经济增长的重要因素，多年来，我国一直不断提高的储蓄水平，为投资增长提供了重要来源。在人口老龄化过程中，人口结构的变化改变着国民收入中储蓄与消费的分配比例，这是人口老龄化作用于经济增长的重要渠道之一。老龄化的加快发展会导致家庭与社会在养老经费的支出上不断增加，从而导致消费基金的增加，相应的就使得积累基金、储蓄和用于再生产的投资比例相对减少，不断增加的养老支出势必会导致社会用于再生产的资本投入比例下降，从而，影响到经济的增长。

技术进步意味着生产效率的提高，而老龄化或将减缓劳动生产率的提高速率。生命周期假说认为年龄与劳动生产效率紧密相关，年轻的劳动力生产效率较低，随着工作经验的积累，劳动生产率会呈现上升的趋势，而接近退休年龄时，效率会出现降低。

人口老龄化不仅意味着老年人口的比重和规模不断增大，同时也意味着劳动年龄人口中高年龄组劳动力人口比重和规模的不断上升。因此，对于一个国家来说，劳动年龄人口的高龄化将会阻碍劳动生产率的提高，虽然，老龄化不一定带来劳动生产率的下降，但劳动人口老龄化可能会使得接近退休年龄的生产效率下降的影响不断加剧，从而放缓劳动生产率的提高速率。此外，老龄化可能造成社会整体吸收新知识的效率降低，进而导致创新能力下降并影响到社会生产效率和技术进步，从而影响经济的发展。

2. 老龄化影响国民总消费

在收入水平一定的情况下，人口结构的变化将会在一定程度上影响总的消费需求。有关研究表明，老年人的消费需求低于年轻人，老年人口往往更加节俭，用于食品等生活用品的消费支出将会低于年轻人口，同时，老年人口在社会交往方面的消费需求将会显著下降。有关研究表明，在我国人口老龄化初期，老龄化对于消费的影响程度并不显著；而随着人口老龄化程度的加深，将使人均收入提高带来的消费水平增长率有所下降。

3. 老龄化带来老年人基本生活、居住安排和健康等方面的社会难题

在前文中对我国老龄化的特征介绍包括未富先老，特别是对于农村老年人口，他们没有养老保险金，仅靠农业收入与微薄的储蓄，或是子女的供养来维持生活，使得农村老年人口的贫困发生率相对较高，这将会产生较为严重的社会问题。

老龄化程度的不断加深对城市住房建设提出了新的要求，未经过“适老化”设计的普通住房日益不能满足养老居住需求，考虑无障碍设计并能满足养老居住需求的住宅将会大受欢迎。老年住宅的建设不但要考虑老年居住区的选址和无障碍设计问题，还要考虑老年住宅的经营模式、建设模式、需求状况等诸多问题。目前，不论是政府建设为主的养老机构住宅，还是市场化运作的养老社区、特色养老地产等高端养老住宅均严重短缺，使得老年住宅将成为今后建设的一个重点与难点。

在居住安排上，随着老龄化的不断发展，以及人口流动性的不断提高，空巢老人的数量和规模在不断扩大，在一些大城市的核心区内，空巢率可达 70%，已经非常接近发达国家水平。空巢老人的生活与照料将面临更多的难题，他们更容易遭受心理危机的困扰，需要社会更多的关注，特别是对居住社区的支持。在我国社区建设还很不完善的情况下，老龄化程度的不断加快，将会对社区服务与社区照料提出更高的要求。

在养老机构住宅方面，虽然政府每年投入大量资金进行硬件设施和配套服务体系建设，但各地“一床难求”的现象依然严重。在高端养老地产方面，虽然房地产开发商们积极参与，各地均涌现出不少此类养老地产项目，但这类地产在开发建设模式、营利模式、土地获取等方面存在着诸多障碍，政府需要从经济优惠措施方面加以引导，并完善相关法律法规来保障参与此类项目的企业的权利。

在健康方面，随着我国生活水平的提高和生活方式的转变，越来越多的老年人面临着各种慢性病的困扰。目前，老年人的人均受教育水平远远

低于年轻人群，因此，老年的预防意识和相关知识不足，这不仅加重了家庭和社会的养老负担，还会消耗非必要的医疗资源。从减轻社会负担和减小内耗来说，老龄化进程中的慢病防治工作迫在眉睫。

与身体健康同等重要的是心理健康，且老年人的心理健康问题往往被忽视。随着经济快速发展和社会的变迁，更多的老年人对基本生活与照料更加担忧、孤独感较强、老年抑郁现象也有所增加，老年人的心理健康问题日益突出。随着年龄的增加、社交能力的退化、自信心的降低，老年人越来越害怕不被需要，越来越需要倾诉和被呵护。首先，数字经济的飞速发展使得老年人对于先进的智能产品产生使用恐惧，同时，看病就医的数字化也给老年人就医产生一定的挑战，加剧了老年人内心的不安、自卑和害怕。其次，长者在退休之后，其职业生涯也等于画上了句号，加上人口流动、家庭规模缩小带来的独居与空巢老人数量的增长，孤独感与不适感接踵而至。而实际上他们有更多的追求自我的目标等待实现，这些都需要家庭、社区和社会帮助，打开各种渠道，丰富老年人的精神文化生活，缓解其内心的孤独感。

4. 老龄化影响产业结构

对于企业，人口老龄化速度加快所带来的劳动力人口的减少、老化问题，将使企业面临劳动力供给数量不足或结构性短缺等问题，从而，提高企业的用工成本乃至生产服务成本。此外，人口老龄化对于中国的产业结构升级带来的影响，不同的学者有着不同的看法，有学者认为人口老龄化伴随的劳动力成本的上升会迫使用资本和技术替代劳动，从而推动产业结构的转型和升级；然而也有学者认为人口老龄化会导致中国低成本和低价格的劳动密集型产业国际比较优势逐步丧失，而短时期劳动者人力资本水平与技术能力无法提高，将导致中国产业结构转型和升级的延缓。无论如何，增加人力资本投资，提高劳动力的技能水平，同时大力发展“银发产业”并推动产业的结构升级，都会在一定程度上减弱老龄化可能带来的负面影响，因此，下文将通过“银发产业”的创新案例，进一步阐释老龄化背后的机遇。

二、老龄产业的机遇

总的来说，老龄化带来的影响普及面较广，同时，也给相关产业的发展和社会服务体系带来了一定的机遇与挑战。与养老相关的重要产业包括建筑、医疗保健、金融、智能制造、互联网与计算机等，但也不限于此，其他的产业也可以通过开发针对性产品从而拓宽老年群体的市场份额。各个行业的发展战略不尽相同，下文将借由生动的案例分析对产业的发展与机遇提供一定程度上的阐释。

1. 建筑业（老年住所）

老龄化程度的不断加深对城市住房建设提出了新的要求，未经过“适老化”设计的普通住房日益不能满足养老居住需求，老年住宅的建设不但要考虑老年居住区的选址和无障碍设计问题，还要考虑老年住宅的经营模式、建设模式、需求状况等诸多问题。在养老机构住宅方面，政府每年投入大量资金进行硬件设施和配套服务体系建设，统计数据显示，中国养老机构和床位数分别从 2002 年的 3.76 万个、114.9 万张增加到 2011 年的 4.09 万个、351 万张，管理运营机制从政府主办向政府主导、多元主体参与转变，机构的功能、服务对象、参与主体、运营模式等也在不断创新。

2. 医疗保健

（1）社区嵌入式老年人定制健身房

随着年龄的增长，健康逐渐变为奢侈品。运用智慧化的方式为老人保持健康，甚至创造健康，将成为巨大的蓝海。天津茵诺医疗科技有限公司旗下的“龄动健康”老年人健身房就是鲜明的例子。经过多年的发展，健身房已经悄然覆盖天津四个区的连锁型社区居家养老服务中心。集团的创始人认为打开老年健康服务市场的关键点在于健身与养老服务的串联，除了适老化设计的健身器材和训练师，在软件上还配备了运动医生系统，对老人身体状况进行全方位评估、实时监测；针对老年人的需求设计健身服务，如利用运动医生的远程精准医疗板块，对老人进行一个 15 ~ 20 分钟的全方位的身体检测；通过专业医生制定并下发运动处方到社区，再由社区服务人员根据运动处方，辅助老年人进行康复训练。

（2）互联网医院

2021 年 4 月 26 日，由中国太保与瑞金医院、红杉中国共同发起设立的广慈太保互联网医院在上海正式揭牌，成为上海首家成功获批非公医疗机构执业许可证的互联网医院。而广慈太保互联网医院的首款产品——“太医管家”，将以家庭为单位，通过家庭医生与客户及其家人进行沟通，满足全家人的一站式医疗需求。凭借先进的 AI 科技，“太医管家”这一医疗健康平台，基于数据的智能获取和管理分析，实现诊断、问答、处方等的标准化以及医疗服务的家庭化、便捷化。其数字化优势可以帮助提高医院和医生采集病史、精准诊断、处方决策、资源配置的效率，对于长三角地区的医疗资源进行优化整合，输出高品质的医疗服务。

3. 金融与保险

2020 年下半年，城市定制型商业医疗保险（俗称惠民保）遍地开花，从 1.0 到 3.0 版本，短时间内惠民保版本不断升级，将医疗险市场推向新的风口。以 2021 年 4 月上线的沪惠保为例，上线 12 个小时，参保人数就突破 100 万，24 小时突破 150 万。上线的 31 小时后（4 月 28 日下午 5 时 35 分左右），参保人数突破 200 万，按每份 115 元的保费计算，累计保费规模超过 2.3 亿元，参保率达到 10.4%。同样，去年 10 月上线的“北京普惠保”投保数据也很惊人，截至今年 3 月 11 日，已有超过 140 万人投保，50 岁以上被保险人数超过 65 万，其中 60 岁以上被保险人数则达到 39 万。

惠民保火爆的背后反映了传统健康险的不足。传统健康险的入场券非常难拿，中老年群体由于年龄和身体状况的影响，投保商业险并不容易，市场上大部分保险产品都对受保人的健康状况、年龄和职业有着严格的限制，而针对城市特点且具有较低门槛的惠民保市场潜力巨大。

4. 智能制造

随着科技的进步，家电类产品在外观设计和功能上的更新换代非常迅速，容易在变化的过程中因其对产品学习使用要求门槛过高，而把老年人市场排除在外。在 2021 年的互联网节目中，美的集团首次推出了“适老家电”，通过对老年人使用家电的频次、时长、遇到过的问题以及常用的功能进行深入分析与调研，结合老年人的需求与生活方式，简化并保留家电最有用的功能，同时实现全自动开关和调节。此类家电较好地减轻了老年人的操作负担，打开了老年人家电市场的渠道。

随着物联网、云储存、云计算、大数据、机器视觉、5G、边缘计算、AI 人工智能等技术的逐渐成熟，人与室内家居的智能化互联已经进入快速发展时期，然而，老年人对智能家居家电的接受度相对较低，且差异化明显。一方面，有相当部分的老年人认为智能家居使用复杂且费电，维修与保养的难度系数较高，另一方面，也有很多智能小家电深受老年人的青睐，如电动拖把、擦窗或扫地机器人和厨师机等。因此，充分考虑长者的诉求，简化产品的安装、维护和使用而设计的产品是获得老年人市场的关键因素。

根据 CSHIA Research 发布《2020 中国智能家居生态发展白皮书——从全屋智能到空间智能化》报告，数据显示：智能家居市场依旧以 25 ~ 35 岁智能家居用户最多，而年龄不低于 50 岁的中老年用户仅占 6.33%，因此，在未来智能家居在老年人的市场极具潜力。

5. 互联网与计算机

智能手机的飞速发展和手机功能的逐步强化，为消费者的生活带来了极大的便利，由于手机的更新换代速率较高，老年人通过运用智能手机而达到便利生活的体验相对较低，存在一定的“数字鸿沟”。因此，很多手机应用软件开始针对银发群体进行适老化设计，如滴滴推出“滴滴公交老年版”微信小程序并在广州、深圳等地上线。这是继滴滴老年版微信小程序、滴滴全国老年人电话叫车热线、滴滴 App“老人打车”频道后，其推出的第 4 款老年版相关产品，再如支付宝的长辈模式，抖音的大字简明模式等。

针对老年人的吃饭问题，从 2017 年起，饿了么在北京、广州、天津、杭州、上海、深圳等多个城市，联合当地政府、养老驿站、长者餐厅等开始养老送餐服务。

6. 泛消费、泛服务的养老产业

（1）宠物

根据京东发布的《2019 中老年线上消费趋势报告》，除了基本的生活需求，56 岁及以上的老年人在线上消费的品类中以图书、文娱和宠物居多。同理，2020 年 7 月天猫超市数据显示，三线及以下城市老年人宠物消费同比增速高达 450%，是都市银发族各种类平均消费增速的 2.5 倍。当子女长大离巢，宠物可以代替子女陪伴老年人，并在一定程度上缓解老年生活的孤独。

尽管宠物消费品在中老年消费者中的渗透率有限，但对于未来发展的预测，我们仍可以参考并借鉴邻国日本的宠物行业发展状况：在日本东京街头，可以看到推着各式婴儿车的老年人们，车中载着的并不是孩子，而是神气活现的猫狗。这些宠物几乎清一色以最新时尚装扮亮相，在这一现象背后，则是 55 岁以上的日本中老年人每年在宠物上花费的 700 亿元人民币（2018 年），占总市场规模的 80% 左右。宠物行业在日本起步较早，20 世纪 70、80 年代以前就已开始萌芽，并在二三十年间稳步发展，21 世纪步入品类丰富、市场发达的成熟期。根据矢野经济研究所发布的数据预测，未来宠物行业将保持稳步增长趋势，至 2021 年市场规模有望达到 16257 亿日元，2014—2021 年平均复合增长率约为 1.65%。

（2）老年文娱

前文提及，老年人的心理健康与身体健康同等重要，而适当的文娱活动则可以丰富老年人的生活，因此，锣钹科技深入研究老年人玩音乐的痛点，专为老年人打造了一款文化娱乐产品——自乐班 App。该 App 一经上线便取得了优异的成绩：自 2019 年年底发布以来，在未进行商业推广的情况下，数次在苹果商店中国区音乐 App 付费榜排名第一；2020 年的 10 月，苹果官方在“Today 编辑最爱”板块对自乐班进行专栏推荐。自乐班满足了老年人需要教材辅具、需要演奏创作并进行分享的需求，并且操作简单，通过蓝牙让用户无线演奏自己的电吹管、电钢琴等，降低了学习和进修的难度。获得 Pre-A 轮融资后，锣钹科技将继续深耕银发音乐领域相关产品，加大 APP 的研发投入，并围绕 APP 研发硬件周边产品，从软、硬件一体的方向来更全面地满足银发群体的文娱需求。

三、老龄化带来的挑战

老龄化的快速进程给政府、家庭和社会都带来相当程度的挑战，一方面，政府需要用于养老的支出将越来越多，这包括为老年人提供的养老保障、医疗保障以及各种养老服务支出。西方发达国家对于老年人的社会福利支出是相当庞大的,美国在 1982 年 65 岁以上老年人口占总人口 11% 时，政府用于老年人的各项福利开支已占财政预算的 25%。而我国家庭的良好储蓄背景使得政府对于老年人的社会保障支出负担相对较轻，2019 年我国财政支出中，约有 12% 用于社会保障和就业支出，其中用于行政事业单位退休支出约 9688 亿元，用于基本养老保险基金的补助约为 8633 亿元，总计占社会保障和就业支出的 62%。

另一方面，虽然百分之九十以上的老人采取居家养老的模式，但由于社会的发展和双职工家庭的不断增多，居家养老并不意味着以家庭中其他成员作为老人的主要照护者，其对社会和社区的依靠程度远超过家庭中其他成员。老年人的需求不仅包括简单的日常生活需求（如买菜吃饭、购物、维修、理发洗澡等），还包括对于安全、医疗和健康的需求以及更高层面的精神生活需求，老年人身体机能的弱化和自理能力的降低，对于社区的适老化硬件设计和社区服务提出更多的要求。目前，社区作为老年人居家养老的基本生活空间，其适老化改造、养老服务设施的建设无法满足老年人对生活便捷的基本需求。

2017 年起，我国在北京、上海、广东、杭州等 15 个城市启动了城镇老旧小区适老化改造工作，试点改造老旧小区 106 个，但受益人群狭窄。要适应智能居家养老模式，社区适老化改造是基本也是重要的一步。2019

年务院办公厅印发的《关于推进养老服务发展的意见》中明确提出要对所有纳入特困供养、建档立卡范围的高龄、失能、残疾老龄人家庭，按照《无障碍设计规范》实施适老化改造。也就是说适老化改造仅处在试点阶段，距离其大规模的普及还有一定的时间。

而养老服务面临的挑战更为巨大，目前医养分离的养老模式无法满足老年人健康监护的需求，医养结合需要突破许多传统医疗和养老行业的障碍（例如部门或行业界限）。另外，养老服务信息碎片化、智能化程度更低且养老服务质量评估和管理不完善，缺乏可操作性。更重要的是，我国养老服务的专业人员数量严重不足，根据北京师范大学中国公益研究院公布的一项报告显示，即便按照一般口径的 1∶3 完全失能人口照护比来看，我国养老护理人才的缺口规模也已达到 500 万人，其余各类相关的专业化服务人才也同样缺乏。此外，养老护理人员的专业化与职业化水平严重不足，且机构内养老服务人员的工资待遇不高，易造成人员流失。

综上所述，我国养老事业面临空前的挑战，而问题的关键在于居家养老人员的需求尚未得到满足。由于社区适老化改造的不充分推行、养老服务项目及适老化改造标准不一、项目及对应的服务、产品质量参差不齐、养老行业相关人员数量不足，有必要在智慧养老的背景下，形成具有较强可行性的适老化改造方案、完善的社区养老信息化系统和对应的服务体系。

本章主要参考文献

[1] 白维军，王邹恒瑞 . 积极老龄化视域中的家庭养老政策支持研究 [J]. 北京航空航天大学学报（社会科学版），2021，34（1）：62-68.

[2] 蔡昉，王美艳 . 如何解除人口老龄化对消费需求的束缚 [J]. 财贸经济，2021，42（5）：5-13.

[3] 陈功 .21 世纪，我们用什么模式养老 ?[J]. 前线，2002（2）：33-35.

[4] 陈茉 . 中国养老政策变迁历程与完善路径 [D]. 长春：吉林大学，2018.

[5] 楚永生，于贞，王云云 . 人口老龄化“倒逼”产业结构升级的动态效应——基于中国 30 个省级制造业面板数据的空间计量分析 [J]. 产经评论，2017，8（6）：22-33.

[6] 董小芳 .“积分养老”存取两难遇瓶颈 [N]. 宁波日报，2012-10-24（B03）.

[7] 方曙光 . 社会支持理论视域下失独老人的社会生活重建 [J]. 国家行政学院学报，2013（4）：104-108.

[8] 龚锋，余锦亮 . 人口老龄化、税收负担与财政可持续性 [J]. 经济研究，2015，50（8）：16-30.

[9] 国家应对人口老龄化战略研究总课题组 . 国家应对人口老龄化战略研究总报告 [M]. 北京：华龄出版社，2014.

[10] 郭丽君 ."医养结合"养老服务体系 [M]. 北京：科学出版社，2019.

[11] 郭丽娜，郝勇 . 居家养老服务供需失衡：多维数据的验证 [J]. 社会保障研究，2018（5）：44-55.

[12] 甘满堂，娄晓晓，刘早秀 . 互助养老理念的实践模式与推进机制 [J]. 重庆工商大学学报（社会科学版），2014，31（4）：78-85.

[13] 甘雪慧，风笑天 . 孝道衰落还是儿女有别——子女视角下中青年人养老孝道观的比较研究 [J]. 中国青年研究，2020（3）：5-15.

[14] 黄健元，程亮 . 社会支持理论视角下城市民办养老机构发展研究 [J]. 东南学术，2014（6）：83-89.

[15] 韩烨，付佳平 . 中国养老服务政策供给：演进历程、治理框架、未来方向 [J]. 兰州学刊，2020（9）：187-198.

[16] 何振宇，白枚，朱庆华 . 2013—2017 年我国养老政策量化研究 [J]. 信息资源管理学报，2019，9（1）：21-29.

[17] 姜向群 . 家庭养老在人口老龄化过程中的重要作用及其面临的挑战 [J]. 人口学刊，1997（2）：18-22.

[18] 李辉 . 论建立现代养老体系与弘扬传统养老文化 [J]. 人口学刊，2001（1）：45-51.

[19] 联合国 .《世界人口老龄化 2015》.

[20] 联合国 .《世界人口展望 2019》.

[21] 刘浏，王羽，林文洁，娄霓 . 2013—2018 年中国养老政策与产业引导分析 [J]. 城市住宅，2019，26（2）：24-27.

[22] 林文浩，周建芳 . 我国居家养老家庭支持政策研究：政策工具、作用对象与预期家庭影响 [J]. 老龄科学研究，2021，9（3）：13-28.

[23] 李晓娣，原媛，黄鲁成 . 政策工具视角下我国养老产业政策量化研究 [J]. 情报杂志，2021，40（4）：147-154.

[24] 李玉玲 . 养老模式选择：从传统向现代的转型——基于 2007 年中国公民价值观调查 [J]. 学术探索，2007（6）：103-108.

[25] 穆光宗 . 中国传统养老模式的变革和展望 [J]. 中国人民大学学报，2000（5）：39-44.

[26] 倪赤丹 . 社会支持理论：社会工作研究的新"范式"[J]. 广东工业大学学报（社会科学版），2013，13（3）：58-65，93.

[27] 屈贞 . 智慧养老：机遇、挑战与对策 [J]. 湖南行政学院学报，2016（3）：108-112.

[28] 孙鹃娟，高秀文 . 国际比较中的中国人口老龄化：趋势、特点及建议 [J]. 教学与研究，2018（5）：59-66.

[29] 世界卫生组织 .《中国老龄化与健康 国家评估报告》，2016.

[30] 孙兰英，苏长好，候光辉 . 政策工具视阈下中国养老政策分析与思考 [J]. 天津大学学报（社会科学版），2018，20（4）：289-295.

[31] 随淑敏，何增华 . 人口老龄化对企业创新的影响——基于人口普查数据与微观工业企业数据的实证分析 [J]. 人口研究，2020，44（6）：63-78.

[32] 孙彦川 . 新乡市以积分制撬动社会力量参与养老事业 [N]. 中国社会报，2015-12-11.

[33] 苏振芳 . 人口老龄化与养老模式 [M]. 北京：社会科学文献出版社，2014.

[34] 童玉芬 . 人口老龄化过程中我国劳动力供给变化特点及面临的挑战 [J]. 人口研究，2014，38（2）：52-60.

[35] 王波，卢佩莹，曹彦芹，甄峰 . 中国养老政策的演进及智慧社会下居家养老的发展 [J]. 科技导报，2019，37（6）：6-12.

[36] 吴宾，刘雯雯 . 中国养老服务业政策文本量化研究（1994—2016 年）[J]. 经济体制改革，2017（4）：20-26.

[37] 汪大海，张建伟 . 福利多元主义视角下社会组织参与养老服务问题——“鹤童模式”的经验与瓶颈 [J]. 华东经济管理，2013，27（2）：118-122.

[38] 王福帅 . 老龄化与养老保险对居民储蓄率的影响 [J]. 技术经济与管理研究，2021（5）：81-85.

[39] 王佳林 . 我国“以房养老”试点发展改革路径研究 [J]. 南方金融，2021（4）：81-89.

[40] 王立剑，凤言，刘青 . 需求导向的中国社会养老服务体系建设模式研究 [M]. 北京：科学出版社，2018.

[41] 王莉莉 . 中国居家养老政策发展历程分析 [J]. 西北人口，2013，34（2）：66-72.

[42] 王雪岚 . 我国养老规划目标和政策主题演化关系研究 [D]. 大连：大连理工大学，2020.

[43] 王延中 . 中国老年保障体系研究 [M]. 北京：经济管理出版社，2014.

[44] 谢安 . 中国人口老龄化的现状、变化趋势及特点 [J]. 统计研究，2004（8）：50-53.

[45] 谢晓霞 . 居家养老服务成本项目及成本标准研究——基于北京市居家养老服务的分析 [M]. 北京：经济管理出版社，2018.

[46] 熊晓晓，程云飞，胡玉坤 . 中国老年人男性单系继承偏好的影响因素研究 [J]. 人口与发展，2020，26（1）：2-11.

[47] 夏柱智 . 以地养老：应对农村人口老龄化的现实选择 [J]. 南方人口，2018，33（5）：

63-71.

[48] 杨成虎 . 我国社区居家养老政策发展研究——基于 1982—2018 年国家政策文本的分析 [J]. 安徽行政学院学报，2019（2）：104-112.

[49] 杨胜利，高向东 . 我国劳动力资源分布与优化配置研究 [J]. 人口学刊，2014，36（1）：78-88.

[50] 杨雪，侯力 . 我国人口老龄化对经济社会的宏观和微观影响研究 [J]. 人口学刊，2011（4）：46-53.

[51] 余晓艳，赵银侠 . 我国智慧养老政策发展及实践问题研究 [J]. 西安建筑科技大学学报（社会科学版），2018，37（5）:42-48.DOI:10.15986/j.1008-7192.2018.05.007.

[52] 杨贞贞 . 医养结合中国社会养老服务筹资模式构建与实证研究 [M]. 北京：北京大学出版社，2016.

[53] 周爱民 . 当前我国养老保障制度改革的现状、面临的挑战及其对策探讨 [J]. 湖南社会科学，2019（6）：133-140.

[54] 卓乘风，邓峰 . 人口老龄化、区域创新与产业结构升级 [J]. 人口与经济，2018（1）：48-60.

[55] 中国发展基金会 .《中国发展报告 2020：中国人口老龄化的发展趋势和政策》. 张亮 . 新世纪以来我国养老政策发展的研究 [D]. 武汉理工大学，2017.

[56] 周林刚，冯建华 . 社会支持理论——一个文献的回顾 [J]. 广西师范学院学报，2005（3）：11-14，20.

[57] 赵向红，王小凤，李俏 . 中国养老政策的演进与绩效 [J]. 青海社会科学，2017（6）：162-167.

[58] 张欣悦 . 我国人口老龄化的现状特点和发展趋势及其对策研究 [J]. 中国管理信息化，2020，23（5）：195-199.

[59] 朱雅玲，张彬 . 人口结构变动下中国消费的未来趋势——基于第七次全国人口普查数据的分析 [J]. 陕西师范大学学报（哲学社会科学版），2021，50（4）：149-162.

[60] 翟振武，陈佳鞠，李龙 . 中国人口老龄化的大趋势、新特点及相应养老政策 [J]. 山东大学学报（哲学社会科学版），2016（3）：27-35.

[61] 翟振武，刘雯莉 . 人口老龄化：现状、趋势与应对 [J]. 河南教育学院学报（哲学社会科学版），2019，38（6）：15-22.

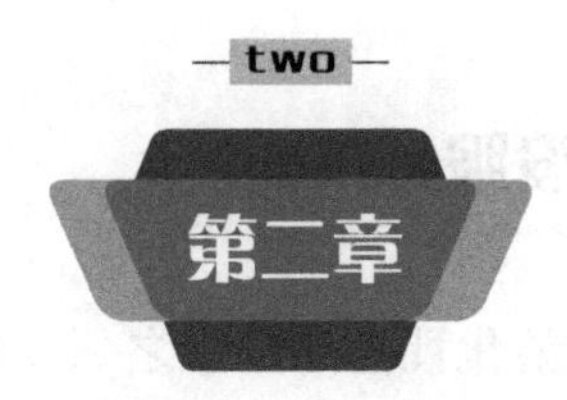

国内外养老住宅的建设与服务经验

第一节　国外老年住宅的建设和服务经验

一、日本老年住宅建设服务经验

作为全球较早进入老龄化社会的国家之一，日本的养老对策发展起步早，目前已经形成较为完善的地区综合照料体系。早在 1970 年，日本 65 岁以上的人口数量超过总人口数的 7%，正式进入老龄化社会。24 年后，日本老龄人口已经达到总人口的 14.6%，步入了老龄社会，并且在此之后仅仅用了 13 年，以老龄人口占比超过总人口数量的 21%，进入了超老龄社会。预测显示，到 2025 年日本的 65 岁以上的人口数量将达到 3657 万人，且近 60% 的老年人年龄超过 75 岁。

由于环境改善和医疗水平的提高，日本人的平均寿命不断延长，从 1947 年的 50.06 岁（男性）和 53.96 岁（女性）达到了 2019 年的 81.41（男性）和 87.45 岁（女性），因此，日本也是世界上最长寿的国家之一。伴随高龄化而来的是对老龄人口日常照料及护理的需求增长，根据日本总务省统计局和日本厚生劳动省的统计数据，在 2019 年，年龄在 65 ~ 75 岁时需要被介护的概率约为 4%，而进入 75 岁以后，需要被介护的概率则上升至 30%。

此外，日本社会也呈现出少子化的特征，在 1947—1949 年，第二次世界大战后日本迎来战后生育高峰，平均生育率约为 4.42%，等同于每对夫妻平均生育四个孩子，年均出生人口数达到 270 万人，而到 1974 年，日本的总和生育率则降低到 2.05%，低于人口更替水平的 2.11%。进入到 1995 年以后，日本的生育率已经降低至 1.42%，陷入了超低生育率的困境。

与生育率降低同步而生的社会现象还包括独居老人的不断增加。二战后，随着出生率的下降、家庭观念的变化，日本的家庭结构不断简单化，由已婚夫妇和未婚子女或收养子女两代组成的“核心家庭”成为主流。根据日本国立社会保障人口问题研究所的报告，在 1980 年，日本“夫妻与子女”核心家庭比例达到了42%，成为当时家庭结构的主流。然而，随着日本家庭结构小型化的大规模发展和健康医疗水平的提高，越来越多的老年人选择独居的生活方式，一方面，老人重视自立，不愿意与已婚的子女同住；另一方面，婚姻观念的变化带来的单身户比例的上升，使得终身未婚的人成为独居老年人的“后备军”。因此，在2010年，独居家庭的比例已经超过“夫妻与子女”的核心家庭比例，且相关报告预测，到2035年，独居家庭将替代“夫妻与子女”核心家庭，成为日本家庭的主流模式。独居老人家庭占比的不断增加给老人照料问题尤其是照料中的人员问题带来一定程度的挑战。

在目前或不久的将来，日本的养老问题还面临另一大挑战，二战后的生育热潮和婴儿潮带来人口的急速增加，按照时间周期推算，这群人在2025年左右将进入75岁，届时，如何为他们提供适宜的晚年生活环境和照料看护服务，是考验国民福利福祉建设的一大难题。

日本政府和社会在20世纪70年代就已经重视老龄化问题，研究制定了许多相关政策来积极应对老龄化带来的挑战，逐渐形成了以社会保险、社会救济、社会福利和医疗保健为主要内容的养老服务体系。已有研究表明，日本与中国在人口结构发展变化、家庭状况、城市化进程和文化价值上均有相似性。因此，日本的养老住宅建设经验对于我国发展养老事业具有较高的学习和参考价值。

总的来说，日本的养老住宅产业可分为老年住宅建设和老人现有住宅改造两部分。其中，老年住宅建设包括两代居模式、通用长寿型住宅、养老院和社区嵌入式养老设施。老人的现有住宅改造包括设置扶手和呼叫装置、取消坡度或加宽过道、设置升降机或安装小型电梯、改造浴室等。

日本的养老住宅建设种类繁多且分类细致，充分考虑了老年人的经济状况、身体状况和家庭成员状况，因此下文将分别对以上四种建设模式进行深入的分析和阐述。

1. 两代居模式

“两代居”住宅的开发是为了适应家庭核心化的倾向，供老年人与家人同居，采取老少两代在生活上适度分离的居住方式。“两代居”住宅的类型有：同门户、同厨房及起居室，老人居室仅附厕所或简易烹调设备的同居寄宿型；同门户，厨房、浴室及起居室全部各自分开配套的同居分住型；分门户，同起居室，浴室及厨房分开的邻居合住型；分门户，起居室相同，浴室及厨房分用的完全邻居型。

2. 通用长寿型住宅

“长寿型住宅”，又称通用住宅，通用住宅强调在设计和建造时，把老年人的需求考虑进去，特别是预留年老后所需，如增加扶手、增加门户或者过道的宽带以便轮椅通过等潜伏性设计，但并不需要在一开始就把这些考虑全部做上去，而是通过逐步增加或者改造的方式来实现。另外，为了提高住宅的可改造性，从而适应家庭结构的多样化，日本都市再生机构进行大量调研的基础上，提出了 KSI（Kikou Skeleton Infill）住宅的概念。所谓 KSI 住宅，是指住宅的结构体 S（Skeleton，指住宅的结构主体和公用部分的设备、管线等和共用空间所组成的结构体，具有高耐久性和固定不变的特点）和居住体 I（Infill，包括户内的设备、管线、装修和固定家具和活动家具，具有灵活变更的特点）完全分离的住宅。KSI 住宅可根据家庭成员人数及年龄的变更和生活习惯的改变，可以自由地变更住宅内部的填充体，满足住户的个性化需求。

3. 养老院

日本的养老院在设计和分类上充分考虑了老人的健康状况、家庭状况和收入状况。老人的健康状况主要依据日本的介护保险制度，将需要照料的老人按程度划分五个介护等级，此外，日本政府还充分考虑了患有失智症的老人特殊的照顾需求。老人的家庭状况则主要考虑老人是否有配偶以及与配偶间共同居住的方式选择。此外，针对低收入的老人，日本政府也设计配置了相关的养老设施，满足其养老需求。

日本的养老院按照运营的主体大致可分为公营设施和私营设施。其中，公营设施包括特别养护养老院、老人保健设施、介护疗养型医疗设施和养护养老院，私营设施则包括有偿养老院、认知症老人之家和其他设施（附带服务型高龄者住宅和轻费养老院），各类养老机构的具体差别如下：

①特别养护养老院（特养）：为在家里护理变得困难的老人准备的护理设施，费用很便宜。入住时间没有限制，只要不需要高级医疗，就可以一直住到临终。整体来看，特别养护老人院等待的人很多，机构多供不应求。

②老人保健设施（老健）：面向需要医疗护理、康复的重度失能长者，提供医疗护理、过渡期机能恢复训练和介护服务。

③介护疗养型医疗设施：面向重度痴呆症患者或卧床不起、病情稳定且需要长期治疗的患者，并在医学管理下接受护理或疗养。设施为多人共住一个房间，私人空间少，并且如果健康状态有所改善，可能会被要求退所。

④养护养老院：为65岁以上的能够自理的老年人提供的设施。如果按照介护保险制度，被认定为"要介护度"在1以上的老人将无法入住。养护养老院经常用于有"没有严重疾病，但由于经济原因和家庭情况，没有他人帮助就不能生活"的老年人。由于它不是护理设施，提供的服务集中在生活支援上。如果需要专业护理，可能会被要求离开。

⑤有偿养老院：是指为老年人提供方便生活的"住所"，可以享受饮食服务、护理服务（洗澡、排泄、吃饭等）、洗衣、打扫等家务援助以及健康管理。根据护理服务使用方法的不同，分为"护理型""住宅型""健康型"三种类型。"带护理的收费养老院"是面向老年人的居住设施，当需要护理时，由养老院的护理人员提供护理服务。而入住"住宅型收费养老院"时，如果需要护理的话，就需要与外部的护理服务商另行签订合同。入住"健康型收费养老院"时，一旦需要护理，就必须搬离。作为面向自立者的设施，有偿养老院的居室更宽敞，享受生活的设施也更完善。很多设施都采取保障居住和服务的权利的"使用权方式"。因此，一般要支付入住一次性金作为预付金，但近年来入住一次性金0日元的设施也在增加。

⑥认知症老人之家：是以认知症（老年痴呆症）老人为对象的小规模生活场所，入住者自行洗衣、打扫卫生和帮厨等，营造温馨的家庭气氛，达到安定病情和减轻家庭护理负担的目的。同时，场所还要根据认知症老人的特点，在空间和色彩上加以区分，设备和设施都要充分考虑入住者的

行为特征。

⑦附带服务型高龄者住宅（高住）：为帮助老年人在原有住宅内继续生活，同时为了解决特别养护老人院中平均需要护理程度较低的老人的居住需求，日本在2011年修订相关法律，正式推出“附带服务型老年住宅”，作为养老居住产品的补充。在服务内容上，附带服务型老年住宅至少应提供安全确认、生活咨询两项服务，可选择配置餐饮、保洁、助浴等附加服务。老年住宅需要有工作人员（具有医师、护士、社会福利士、护理支援专门人员、护理初级以上资格证的人员）常驻，或者配置应急通报系统，以保证老年人随时可以联系到工作人员。

⑧轻费养老院：指由社会福利法人或地方自治团体运营的福利设施。在自治体的资助下，以比有偿养老院更低的使用费提供服务，接收对生活感到不安的自立或需要援助的老年人。由于家庭条件和经济状况等原因，在自己家里生活困难的无依无靠的老人可以选择入住。轻费养老院有很多种类，包括提供食物的“A型”和不提供食物的“B型”，还有被称为“C型”的关爱之家。此外，由于近年来放宽了轻费养老院的设置标准，在大都市圈（东京都等）出现了可以低费用使用的“都市型轻费养老院”。轻费老人院的作用，基本上是生活的支援，如果处于需要经常护理的状态，根据设施的不同，也有不得不转移到特别养护老人院或有偿养老院的情况。

4. 社区嵌入式养老设施

日本由于国土狭长多山，只能利用有限的平原地带发展密集型产业，最终形成了今天这种城市圈域结构的城市化发展结果。密集产业带来了人口的过度集中，从而引发了居住环境恶化、土地缺乏、房价高昂、养老资源紧张等大城市病，这些问题在以日本首都东京都为首的大城市圈中表现得最为明显。因此，日本大力发展扎根于所在地区的空间与运营模式的社区嵌入式养老。日本从2006年4月开始实施社区嵌入型养老设施的配置，与原有的养老设施体系一致，包括上门服务、日间照料和入住型三大类共六种设施，2012年增加了“定期巡回 、随时对应型”和“复合型”两种服务设施；2016年又追加了“日间照料介护”服务，构成了目前的嵌入型设施体系。根据日本厚生劳动省最新统计数据，到2019年，日本社区嵌入式养老设施数量已经达到47640所，对于日本老年人在熟悉的社区获得高质量养老服务的精准配送具有重大意义。

二、美国老年住宅建设经验

20世纪60年代末，美国已经进入了老龄化社会，但是老龄化产生的一系列社会问题直到20世纪80年代才引起人们的足够重视。2008年，美国的人口总数为3.043亿，老年居住建筑产业是住宅产业中的重要组成部分，其中65岁以上人口为0.38亿，占人口总数的12.5%，大约每8位中就有一位。根据人口调查局的推测，到2030年该数据将上升到每4位中就有一位。

老年居住建筑产业是住宅产业的重要组成部分，美国老年居住建筑是由老年护理院发展起来的。进入二十世纪八九十年代，随着社会经济的发展，开发商和养老院的经营者开始推出不同的老年居住场所供老年人选择，老年建筑类型呈现出多样化。目前，美国老年居住建筑的主要形式有：1）老年医院、医护所护理院级老人院；2）老年公寓（又可根据健康状况和自理能力的不同分为自住型、陪护型和特户型三类）；3）老年住宅（与老年公寓的不同之处是这类住宅没有护理和公共活动设施，入住的为生活能自理，身体健康的老年人）；4）老年住区。在美国，用来支付这些老年人住宅和各项服务的资金主要来源于以下几种渠道：自有资金（Private Funds）、政府医疗补助（Medicaid）、政府医疗保险（Medicare）、长期服务保险（Long-Term Care Insurance）和政府补贴（Supplemental Security Income）。因此，从性质上来看，美国的这种老年人住宅并不完全是市场化的产品，而是市场需求和政府引导共同作用的结果。

针对不同收入的老年人群，美国各级政府，采取了不同的政策措施。对于低收入的老年人群，各级政府一直将他们作为住房援助的重点。据美国政府2005年的一份报告显示，美国有23个“专门针对老年人或为老年人专门提供特殊服务”的联邦住房项目。1959年《住房法案》中设立的

202 条款项目，是专门为老年人提供住房的最大也是最老早的联邦项目。该项目帮助非营利机构为 62 岁及以上低收入老年人建设和运营出租房。该条款通过两种途径来提供住房资助：一是为非营利机构提供无偿资金资助来支付部分建设、更新或购买住房的花费，条件是该项目能为极低收入的老年人提供至少 40 年的居住权；二是“项目房租补贴合同”，该合同填补了租户调整收入后与项目运营支出之间差额的 30%。从 20 世纪 90 年代早期算起，该条款项目每年开发的老年住房单元约为 5700 户，截至 2004 年 5 月，该条款项目已经共开发了 260873 套住房单元，其中 85% 由老年人居住，15% 由非老年的残疾人居住，2005 年，美国财政用于 202 条款项目新建设工程的资金为 6.5 亿美元。

独立性中高档老年住宅面向的是经济收入状况良好、身体健康的老年人群，这部分住宅也是美国老年人住宅市场大的主体，这类住宅的开发不完全依靠政府，而是由开发商开发的，但政府在其开发过程中仍然会给予开发商减税等政策方面的支持，使得老年人住宅的销售价格低于同类普通住宅的售价。早在 20 世纪五六十年代就开始出现这种独立生活住宅，现在已经发展得相当成熟，而且呈现出越来越流行的趋势。由于居住在独立生活住宅中的老年人身体健康状况良好，甚至有相当一部分人仍然在工作，因此，这些住宅大都是由老年人用其自有资金进行支付。而购买老年人住宅的业主也会受到一定的限制，美国政府要求购买老年人住宅的业主的年龄必须在 55 岁以上，而且该住宅的常住人口不得多于两人，来访的第三人在老年人住宅中的累计居住时间不得超过一个月。

老年住区是美国郊区化的产物，源于其特定的地理和社会背景——充裕的土地资源、发达的市场环境和较年轻的老年群体。这类住区一般建设在郊外地段，以低密度住宅形式为主，主要面向较年轻、健康、活跃的老年群体，提高居住和配套服务，让老年人享受郊外的清新空气和美好景观，还能充分利用各类娱乐休闲设施、健身设施。 整个社区内部形成多层级的设施配置，既有集中的社区配套来满足较大规模的聚会与活动，同时每个组团还设有基本配套，满足小组团内部相对全面的生活需求，促进居民对居住邻里的归属感和家庭感。

美国地方政府和企业在开发老年住宅（养老服务机构）前需要经历以下几个步骤：一是市场调研，主要目的是了解服务对象的需求，包括老人、子女及邻里；二是要确定项目定义和服务，需要进行竞争环境分析、投资分析和财务预算分析；三是设计和建设，设计不仅需要知道服务对象的需求，还要知道整个项目和服务内容的定义，因此，这个步骤要在前两个步骤进行完之后才能实施；四是培训和招聘，主要对负责老年住宅项目运行时的管理人员和服务人员进行培训；五是运行和管理计划的制定，明确养老服务机构的服务体系，包括日间康复体系、日间活动体系，公共服务管理体系，通过计划的制定和对情况改变时对计划的修订来保证养老服务机构正常运行。

美国老年住宅产业是一个发展了几十年并且成熟度较高的行业，而营利性的老年住宅是市场的主体。产生这种老年人住宅发展的现状一方面是以美国的文化背景为基础的，老人强烈的独立意识；另一方面也与国家的综合经济发展水平密切相关。美国的老人们一般比较富裕，据统计，65至77岁年龄组的老人拥有的私有资产占全美私有资产的40%。美国老年人住宅的存在和发展是以发达的市场经济、完善的社会保障体系为基础，而且会在很大程度上受到其文化背景的影响。只有经济发展到一定程度，且房地产开发市场已经相当成熟，政府才有可能通过财政手段顺利实现对开发商的引导，从而保证老年人住宅在市场上的生命力。

第二节　国内部分地区老年住宅的建设经验

老年住宅是指符合老年生理心态特征、为老年人提供生活照料和精神慰藉等服务的居住空间。老年住宅的建设具备很多要素，提供老人所需的医疗照护、交通路线、娱乐活动、情感交流等服务的建筑空间都是其组成部分。不同类型的老年住宅根据各自的使用功能，也包含着不同的配套设施，但都必须遵循两个原则：首先是房屋建造要进行适老设计，例如铺设防滑地板、增设特殊照明设备和扶手、减少障碍物及安装智能报警呼叫装置等;其次要提供餐饮、清洁卫生、医疗保健、心理慰藉及文化娱乐等服务。

老年住宅的合理健康发展有利于保障老人居住安全、支撑老人舒适生活、增加老人活动乐趣，对实现普适性的居家养老模式具有重要意义。考虑到老年人自身条件和实际需求的差异，根据不同的市场细分存在着不同的老年住宅类型。

传统的普通养老院是我国最早发展建设的老年住宅。最开始我国的养老院都是公立机构，是专门为了接待老年人安度晚年的社会养老服务机构，一般隶属于当地民政部门，由政府负担建设费用，经营费用一部分由入住者缴纳，另一部分由政府补贴。在后来的发展中，国家开始鼓励私立养老院的建设以补充公立养老院数量不足的空缺。虽然，由于性质、收费、规模的不同，各养老院的服务范围和质量有所不同，但一般都提供起居生活、文化娱乐等多项服务，同时还肩负着简单的医疗护理职责。

除此之外，为了适应人口老龄化加深趋势、满足不同人群需要，我国借鉴国外经验逐渐发展建设了其他新型的老年住宅，主要包括老年公寓、老年住区和老人原有住宅三种模式。

一、老年公寓

老年公寓是指老年人集中居住的、适合老人居住的、配备生活服务体系的公寓式住宅。老年公寓通常进行市场化运营，通过租赁或购买两种方式实现，供给方提供产品并收取费用，居住者按需选择合适的住宅和服务并负担经济开支。同时，老年公寓中的老人不需要与其他老人同住，一般一人一户或是与家人同住，且不会形成服务闭环，既满足了生活私密性、自由度、保持家庭温情,也不会将老人隔绝于全年龄的正常社会生活。因此，老年公寓的入住者主要是健康状况良好、基本生活自理且具有一定经济实力的低龄老人。此类老年住宅一般有以下两种模式：

1. 通用老年公寓

第一种是在一个住宅小区内部专门规划少量住宅楼，依据老年人的居住需求进行设计，配备适老性的室内设施和装修。在我国，这种公寓主要以一居室或两居室的中小户型为主，老人独立居住或与家人、保姆同住。在服务方面可以选择自建一部分设施、利用一部分的公共设施的方式进行妥善配置，满足生活娱乐和医疗护理需要。由于这种老年公寓设置在住区内部，与各年龄段的居民混住，且一般需要依托周边多种公共设施，大多建立在交通便利、设施完善的城市市区。

建成于 2006 年的北京澳洲康都小区内部配置了一幢这样的老年公寓，也是国内对老年公寓的一个重要尝试。最初，为了解决多代同堂之家既需要相互照顾、又要避免生活习惯差异产生的问题，该住区规划采用了老少公寓混合布局，由 8 栋高层住宅围绕中心绿地花园构成，中央分别针对各年龄层次的人群设置了不同的景观节点。小区采用环路行车路线，机动车全部停于地下，确保了居民尤其是老年人的行动安全和生活宁静。老年公寓楼共 20 层，每层挑高 5.6 米的共享空间为老人活动提供了交流场所，向阳扇形建筑也增大了日照采集面，其中的住宅全部是小套型，80% 为单间公寓，少量为二居室。每套住宅都安装了紧急呼叫按钮，公共区域设置了全天候的总台服务，且设有大尺度的医用电梯，为及时处理突发事件提供支持，保障老人安全。此外，在配套设施上，在老年公寓的首层设立了五星级健康全科医疗管理中心，建立健康跟踪档案和科学的照护体系，为老人提供持续性、个性化的健康治理；同时在小区内部还配置了适应各年龄层次居民的学习、活动设施。

2. 专用老年公寓

第二种老年公寓是只有老年人集中居住的小型住宅群，类似开放式的新型养老院，一般有居家服务式公寓、护理式托老公寓和酒店式度假公寓，以租赁为主。此类老年公寓的服务通常比第一种更完善，能照护的老人类型也更多。

苏州张家港澳洋优局壹佰老年公寓就属于此类，它竣工于 2015 年，北楼及南楼为 15 层的高层建筑，提供给自理老人居住，主要是一居室和两居室；东楼为 5 层的多层建筑，为老人提供护理服务，分为双人间、四人间以及护理病房；裙房中配置了老人日常生活的配套设施、公共服务和活动空间。公寓还配套了包括餐饮、接待售卖、休闲等功能的生活街，充分考虑到老人与家人团聚、购物散步等实际需求，尽量使入住前的生活得到延续。另外，公寓除了负责对老人的日常照料以外，还会组织如新年晚会、重阳晚会等大规模的集体活动，增添生活乐趣。

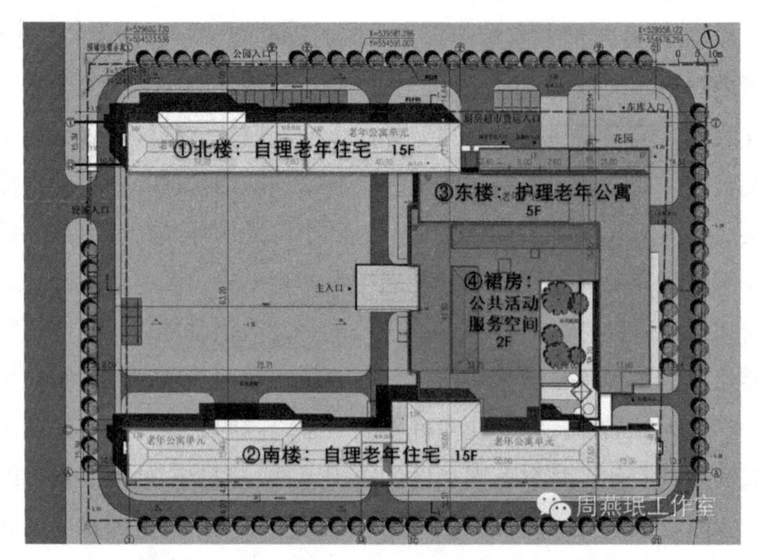

图 2-1　张家港澳洋优局壹佰老年公寓总平面图

（图片来源：周燕珉工作室）

二、老年住区

老年住区是成片开发建设的老年住宅楼集合体，同时为老人提供医疗、活动、娱乐、家政、餐饮等全方位养老服务的辅助设施，并具备一定的城市功能或配套机能。在老年住区中，老年人占主体地位，在空间环境和居民行为上与其他一般社区存在明显分界。

老年住区与老年公寓同样都是老年人集中居住的地方，但老年住区的规模更大，服务于老年人的硬件和软件设备也更加齐全，本身就构成了完整的、自成体系的服务功能，根据老人意愿，平日的一切活动都可以在住区内部完成。由于老年住区除了住宅用房以外，还要包括各类商业设施、医疗设施及绿地公园等，所以其规模较大。在条件适宜、环境优越的城市郊区可以建设占地面积数十万、甚至上百万平方米的住区，也存在着依照现实条件建设的、规模与普通住宅小区相近的小型老年住区。大型的老年住区内通常会包含家庭养老、公寓养老和看护养老三种类型的养老用房，在服务管理方面也会依据不同的健康状态，为较为健康的低龄老人、健康条件一般的半自理老人和健康条件较差的无自理能力老人提供差别化的服务，从而满足各年龄段的老年人需求，也使老人从步入老年到临终的一站式养老成为可能。根据不同的土地性质和经营模式，老人可以通过购买房屋产权或是以会员身份入住老年住区。

目前，国内北京、上海、杭州、成都等城市都借鉴了美国 CCRC 养老模式，探索建设了一批综合性的老年住区。杭州金色年华老年住区位于午潮山国家森林公园以南、320 国道以北，占地 250 亩，规划分为居家服务区、中心功能区、配套服务区和山体公园区。在该住区中，居家服务型公寓的比例达到 70%，养生公寓和护理式公寓各占比 16% 和 14%，包含了大、中、小三种户型，全部采用租赁模式，分为 3 年短租和 50 年长租。住区内部同时设置了医疗中心、餐饮中心、超市等共 2.2 万平方米的配套设施，户

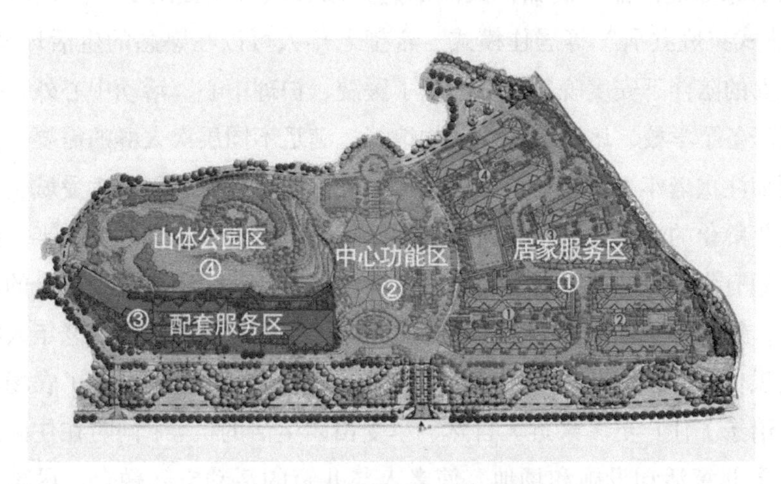

图 2-2　杭州金色年华总平面图

（图片来源：http：//www.china golden years.com/）

外还设有门球场、健身公园及园艺种植区等休闲娱乐场所。住区道路系统采用人车分流，步行系统通过廊道、散步道结合组团绿地，建筑之前通过风雨连廊连接，满足老年人的步行安全。

与杭州金色年华相比，位于小汤山风景区的北京东方太阳城的规模就要大得多，大约是其占地面积的14倍，共234万平方米。除了老年住区普遍配备的生活、医疗服务设施外，太阳城还建立了老年大学、一级甲等综合性医保定点医院、国际交流中心、阳光水世界会员俱乐部及高尔夫球场等大型设施，成立了合唱队、舞蹈队及京剧队等兴趣组，绿化率更是达到80%，从而构成了一个集医疗养生、休闲度假、洗浴餐饮为一体的高级独立养老住区。但是，由于定位高端，大部分老年人难以负担高昂的费用，加之在住区的三期建设中从专供老年人居住的一居室和两居室向适合多代家庭的三居室和别墅转变，使这个住区逐渐变成了很多家庭的度假场所，日常居住其中养老的老年人较少。

一般而言，国外的老年住区只针对一定年龄层次的老人开放，对不符合年龄要求的人的入住时间有严格限制，例如美国佛罗里达的太阳城就严格规定——陪同老人的中青年人在一年内不得入住超过30天。但在我国的老年住区规划实践中，考虑到传统文化观念，一些住区选择提供全年龄化的居家养老产品。例如，天津卓达太阳城项目就提出了“两代居”和“网络式家庭共居”等居住模式，希望老年人可以在熟悉的生活环境中、在儿女的陪伴下安度晚年生活。除了医院、护理中心、活动中心外，住区内还配备了学校、培训基地及博物馆等，满足不同层次人群的需要，同时也更加注重老年人精神上的慰藉。又如位于河北廊坊的爱晚大爱城也是一个全年龄化的老年住区，无论是别墅区还是公寓区，在十分钟的半径圈内都规划有水系、公共绿地和会所，使各年龄段的居民都能找到适合的活动场所；在十五分钟的半径圈内则更强调医疗、教育配套，既为老年人的健康提供保障，也方便住区内孩子学习成长；在住区外围还设置了农场和公园，给予了住户更多亲近大自然、享受田园生活的机会；同时在住区四角布置了儿童活动设施和场地，使老人与儿童的活动空间融合，尽享天伦之乐。

三、老人原居

老年原有住宅指不需要老人搬到专门聚居的地方，而是通过住宅的适老化改造提供一个宜老居住环境，或是在设计之初就考虑到全生命周期的居住需要，同时在社区中配置相应的软件服务，进而满足老年人的养老需要。虽然这类老年住宅难以完全满足老人的高层次需求，但足以保障基本的安全、便捷生活，而且相比之下所需费用较少，更多的普通老人家庭有能力承担相应的经济支出，也省去了搬迁和适应新环境的周折，不失为一种普遍可行的老年住宅模式。

1. 适老化改造

（1）建筑本体改造

住宅是老人居住生活的第一场所，建筑硬件设施的适老程度对老人的安全健康有着最直接的联系，建筑本体也是目前国家推行适老化改造的主要领域，在政策推动下，各地方政府首先对困难老人的家庭住宅改造给予了一定的补贴，同时不断探索普遍推广路径。总的来说，建筑本体的适老化改造主要包含以下两部分内容。

①室内环境改造

首先，考虑到老年人可能行动不便甚至依靠轮椅移动，要尽量将地面高差调整成同一高度，方便进出，同时，应在各处墙壁上设置扶手，给予老人着力点以便行走活动，并将平开门改为推拉门，增加门洞宽度进而使之符合轮椅通行或搀扶通过的基本要求。其次，针对老人身体的脆弱性和健忘特征，在客厅、卧室、卫生间及厨房等主要空间应安装紧急呼叫、烟雾报警等装置，及时防范、处理突发事件，地面也要改造成防滑地板或者铺上地毯，降低跌倒风险。此外，阳光对于老人的身心具有积极意义，若卧室和起居室的采光系统不好，应改造扩大窗户面积或改为落地窗，提供一个令人心情愉悦的环境。

除了上述最为普遍的基本改造要求外，结合建筑领域相关科研人员的研究和具体实践，在住宅内部适老化改造的细节中还有以下几个要点：在卧室改造中，鉴于老人一般睡眠较浅，晚上起夜也较多，应安装夜灯，并在床头设置双回路电器开关；在厨房改造中，根据老人的身体情况，应适当降低洗涤台、操作台和上部橱柜的高度，改善下部橱柜的开启方式，必要时应满足老人坐轮椅使用厨房的需求；在卫生间改造中，要将洗澡方式从进出不便的浴缸式改为淋浴式并增加座凳，同时还要将水龙头改为感应式；在阳台改造中，晾衣架应改为升降式，配备良好的排水系统，防止积水滑倒。

②室外环境改造

住宅外部的改造关系着老人的出行安全，只有室内室外同时兼顾才能让老人拥有完整的日常生活。对于有条件的多层住宅应该增设电梯，且电梯空间最好能够满足担架通行的要求，为突发事件做准备，对于确实难以安装电梯的居民楼，楼梯面必须要增加防滑设施、改善楼梯间的照明度、设置醒目的楼层标识，并安装安全监控和紧急呼救装置。在公共出入口要增设便于轮椅通行的坡道、改善防雨防滑措施。对于户外环境，步行通道应注意无障碍设计，住区内部的交通路线尽量改造成人车分流模式，与此同时，考虑到老年人的体力状况较差，在道路和花坛景观处要增设夜间照明系统、休息椅等。

（2）软件服务改造

仅仅依靠硬件设施的适老性无法满足老年人安享晚年的需要，和老年公寓、老年住区一样，居住于原有住宅的老人也需要获得相应的养老服务，从身体、心理及兴趣等多方面得到服务支撑。此类养老服务体系一般以社区为单位进行构建，辐射社区全体老年居民，但在过去的几十年的城市建设里，由于我国一直处于人口红利时期，老龄化程度较低，加上原本社会经济水平和人民生活水平不高，因此，对于养老服务问题的关注度也不够，导致现在各社区内部缺乏足够的养老服务配套设施。这个问题在历史久远、以老旧小区组团为主的社区中尤其突出，这需要在发展的新时期着力改造解决，完善社区养老软件服务，建成适老性社区。

我国香港特别行政区由于其历史特殊性，是国内最早构建社区养老服务体系的地区。20 世纪 70 年代，专门成立了工作小组，并提出了“社区照护”的概念，通过良好的社区建设机制、发达的民间服务组织及高素质的社工队伍，成立了“长者友善社区”，为老人提供全方位的社区服务，也缓解了家庭内部中青年子女的压力。在实践中，特别成立了长者社区服务中心，为白天无人照顾的老人建立了长者日间护理中心，为健康状况较差的老年人专门建立了家务护理队。经过几十年的发展，“长者友善社区”已经囊括了以下八个方面：一是注意户外活动空间和建筑的舒适度，二是保障交通的便捷和价格合理，三是保证住宅既安全又舒适，四是为老年人提供丰富多样的社区活动，五是让老年人得到其他居民的尊重和包容，六是通过社区服务给予老年人二次就业、提升自我价值的机会，七是增强老年人之间的相互交流沟通，八是通过提供社区服务提高老年人的生活质量。

直到21世纪初我国内地才开始进行有关适老型社区的研究，近年来，国家政策也将社区养老服务体系的建设列为养老发展的一大方向。社区软件服务的适老化改造就是利用社区中闲置的房屋土地资源，通过新建或改建的方式，设立医疗护理中心、日间照料中心、老年活动中心、老年食堂、老年浴室、老年理发店及老年学校等服务设施。在医疗照护方面，在建立健康档案的基础上对社区老人进行定期随访、健康教育和身体状况监测，提供家庭医疗护理服务。在日常生活方面，提供卫生清洁、家务料理、健康餐饮、聊天陪伴等照料服务。在精神慰藉方面，开通心理咨询热线排解老年人的抑郁情绪，同时给予老人娱乐、锻炼、与朋友沟通聊天的活动项目和场所，迎合老年人的兴趣、丰富精神世界。

但目前来看，在实践落地的过程中，由于资金、人才等方面的原因，我国适老型社区建设总体上仍然处于初级阶段，主要以上海、北京等大城市的社区试点形式进行。例如，位于北京市东城区历史街区的大栅栏街道，就将陈旧的四合院改造成了养老服务建筑，构筑了网络化的养老服务体系，辐射满足周边更多的老年人的需求。上海黄浦区也是老龄办确定的老年宜居社区建设试点之一，提出了环境优美、居住舒适、设施齐全、服务完善、文明和谐五方面的创建内容，将老年居住房屋作为改造重点，同时，完善了社区组织管理服务机制，向积极老龄化迈进。

在众多的社区养老服务设施中，日间照料中心是综合性最强、应用最普遍的一种。自2008年开始，社区日间照料中心在国内逐步发展，上海、北京、深圳、天津、杭州等许多城市都建设了一批日间照料中心，其初衷是作为一种新型的养老机构与当下老人家庭的养老服务需求相匹配。日间照料中心的主要使用群体是社区内的半失能老人和高龄老人，他们可以借助器械进行活动但难以独立生活，因此，在子女上班、家中无人照顾的白天集中在日间照料中心，由具有专业技能工作人员和志愿者队伍照料生活。通常，日间照料中心集接送、营养膳食、健康管理、康复护理、社交娱乐及卫生清洁等多种服务于一体，供不同需求的老年人进行选择，且我国政府会对其给予一定的补贴，收费相比于其他养老机构而言较低，大多数老年人家庭有能力负担其经济支出。白天老人在子女上班时被接入照料中心，根据需要接受专业的照料护理，并参与同龄人之间的活动、交流，极大提高了老人的生活质量，晚上老人便可回家与子女共同享受家庭生活，如此一来，老人不会产生过大的排斥感，社区日间照料中心是一种多赢的照顾模式，符合我国养老模式未来的发展趋势。

2. 百年住宅体系

百年住宅是一种在设计之初就考虑到住户全生命周期内可能的居住需求的住宅模式，进行潜伏性的适老设计，这里的“百年”不是指时间序列上的一百年，而是指建筑的居住空间、功能条件和结构环境能在不同的时期和阶段进行更新，从而满足居住者需求的动态变化，横贯家庭的整个生命周期。最早由日本提出的SI住宅体系——通过改造住宅空间适应人生不同阶段的居住需求，是最主要的一种百年住宅实现方式，其中S（Skeleton or Support）代表承重结构系统骨架，I（Infill）代表内部空间关系。在技术实现中，结构设计上要满足空间改造的需要，在内部空间的关键尺寸节点采用轻质隔墙以方便对各空间的大小、开合进行阶段性改造；与此同时，利用家具的收纳性和智能家居设施等，改变空间功能、增强居住环境的适老性。

我国对SI住宅体系的研究起步较晚，技术手段尚不成熟，只在少数项目中有过实践，位于上海嘉定区南翔古镇的上海绿地威廉公馆项目是其中的一个集长寿化、产业化、低碳化和品质化于一体的示范工程。在其住宅原始结构的S体系的结构整合部分，承重结构系统的骨架对室内空间结构进行了最大程度的隔墙体系构建，提供了丰富灵活的室内空间潜伏设计。在卫生间的空间限定较为宽松，足够布置两个盥洗池以满足多位家人同时洗漱的需要，也为适老化设计预留了空间，并利用整体卫浴集成技术提供了一体成型的装配式淋浴空间，即干湿分离。住宅内部厨房空间规整，在操作空间局部留空以满足未来轮椅回转的需求。对于卧室的改造，可以将书房与生活阳台的空间结合称适老卧室，轮椅在房间内回转有足够空间，其开门尺寸也满足轮椅进出需求，且不设置飘窗，方便老人开关窗户。在综合管线方面，利用管线的系统化独立空间收纳，简化了管线维修和更换工序，同时回避了墙内布线的情况，在墙体结构外预留的管线空间体系，便于户型的隔墙改造。在未来进行适老空间改造时，若结合当下的智慧技术，安装智能开关、智能灯具、紧急呼叫及烟雾报警系统等适老设施，又将进一步提升老人的生活品质。

此外，2016年，保利地产提出了“全生命周期居住系统”的概念。以全生命周期住宅为核心，结合社区商业服务、社区物业服务、健康养老、少儿艺术教育四大板块内容，涵盖绿色建筑、适老化、适幼化、可变户型、收纳系统和智能家居六大设计体系，从硬件设施到社区服务拓展了百年住宅的内涵，从少儿到老年的全生命周期提供适宜的居住环境和所需服务。基于该概念，北京、广州、沈阳等城市相继在部分建设项目中进行了推广。

虽然，百年住宅为住宅内部空间的利用带来了多重可能，也能降低未来的适老改造过程中的费用支出，但由于我国的建筑工业化水平不高，该体系技术尚不完善，在无法工厂化量产的情况下，建设成本较高，阻碍了该体系的发展。另外，目前国内很多家庭在整个生命周期内不仅只够购买一套住宅，未来由于生活、工作原因而搬迁的情况还较为常见，对于百年住宅的购买意愿较小，需求市场尚未打开。因此百年住宅在我国的发展还有较长的路要走。

四、总结

总的来说，虽然我国对不同种类的老年住宅都进行了发展建设，但大都处于摸索阶段，已有的老年住宅数量远远无法满足所有老年人安居的需要。

从住宅的类型上看，目前，老年公寓和老年住区的用户定位大都是拥有良好经济基础的高收入老年家庭，这与我国“未富先老”的特点并不相符。在这样的高端项目中，老人可以获得更周全的照顾和更高的生活质量，作为消费者也在心理上获得最大程度的被尊重感，但从社会经济发展水平来看，普通家庭难以承受类似的养老产品，我国并不具备大规模建设此类老年住宅的现实条件。

相较而言，老人原有住宅的适老化改造更加灵活，费用门槛也更低，尤其是在面对持有传统文化观念、倾向于就地养老的我国老年群体时，在家庭层面创造一个安全舒适的居住空间、在社区层面配置养老服务设施的适老化改造模式才是未来很长一段时间老年住宅建设的主流。

本章主要参考文献

[1] 包宗华 . 国内外老年住宅的几种形式 [J]. 中国住宅设施，2008（4）: 18-20.

[2] 陈竞 . 日本护理保险制度的修订与非营利组织的养老参与 [J]. 人口学刊，2009（2）: 53-59.

[3] 孔阳 .“预设性”居家养老空间室内设计研究 [D]. 河北农业大学，2020.

[4] 刘晓梅，李歆，乌晓琳 . 日本地域综合支援网络的创新与启示 [J]. 财经问题研究，2018（5）: 104-110.

[5] 孟珈磊，杜海玲 . 借鉴国外养老模式发展辽宁省养老产业——以美国、日本养老模式为例 [J]. 商业经济，2018（2）: 39-41，79.

[6] 司马蕾 . 老幼复合型社区养老机构的构想与实践——日本的经验与启示 [J]. 城市建筑，2015（1）: 18-20.

[7] 陶澈 . 我国城市混合老年社区规划研究 [D]. 华南理工大学，2012.

[8] 田昊 . 养老地产视域下的全龄混居社区构建策略研究 [D]. 大连理工大学，2019.

[9] 田香兰 . 日本医疗护理供给制度改革与医疗护理一体化 [J]. 日本问题研究，2017，

31（4）: 61-68.

[10] 田香兰 . 日本社区老年住宅建设经验研究 [J]. 城市，2016（8）: 68-72.

[11] 王春彧 . 面向老年人的“共享居住”模式研究 [J]. 建筑创作，2020（5）: 14-23.

[12] 王栋博 . 住宅适老性空间的潜伏设计策略研究 [D]. 沈阳建筑大学，2018.

[13] 闫晶晶 . 北京城区既有社区地域化养老设施建设研究 [D]. 中国建筑设计研究院，2019.

[14] 于文婷 . 北方既有住区原居安养模式建构策略初探 [D]. 大连理工大学，2017.

[15] 张丽 . 中国老年住宅项目开发与经营模式研究 [D]. 山东大学，2011.

[16] 向琪 . 深圳市社区老年人日间照料中心规划与建筑设计研究 [D]. 哈尔滨工业大学，2013.

[17] 徐青山 . 定义幸福生活新标准——卓达太阳城社区养老实践 [J]. 中国物业管理，2012（4）: 6-7.

[18] 杨刚 . 日本地域福利的现状及其走向——以东京都调布市“生活支援照看网络”为例 [J]. 经济社会体制比较，2008（4）: 104-110.

[19] 伊藤增辉，周燕珉，秦岭 . 日本社区嵌入型养老设施配置发展经验对中国的启示 [J]. 国际城市规划，2020，35（1）: 20-28.

[20] 曾卓颖，林婧怡 . 日本 东京都多摩市 中泽综合养老项目 [J]. 建筑创作，2020（5）: 152-155.

[21] 张亮 . 丹东市元宝区老年人宜居社区规划研究 [D]. 沈阳建筑大学，2018.

[22] 郑远伟 . 日本附带服务型老年住宅建设经验对中国的启示 [J]. 建筑创作，2020（5）: 40-47.

社区适老化改造的现状与存在的问题

第一节　改造的现状

在人口老龄化趋势日益加重的背景下，如何解决广大老年人的养老问题成为社会热议的焦点。依据上一章对我国养老服务政策的梳理，“以居家为基础、社区为依托、机构为支撑”的发展战略成为现阶段养老模式的基本格局。受到传统观念的影响，很多老年人对于前往养老机构接受晚年照顾都会产生心理排斥，甚至可能会有被子女遗弃之感，相较而言，他们更愿意在家中安度晚年。此外，考虑到“未富先老”的社会现状，很多老年家庭的经济负担能力有限，而向广大老年人提供数量足够且低价高质的社会养老机构床位并不现实，社区服务支持下的居家养老才是符合我国国情的主要养老模式。

所谓“居家养老”，并不是简单的回归家庭，而是同时以家庭和社区为载体，向老人提供养老服务支持，以弥补因家庭规模缩小和结构变化造成的传统家庭养老功能弱化问题。因此，安全、舒适、便捷的适老化宜居环境建设是发展居家养老模式的前提条件。根据国内外学者在居住环境与老年健康领域的相关研究，无论是住宅内部的无障碍化，还是社区公共空间设施的适老化，都对老年人的身心健康具有重要的保障作用。退休以后，老人的空闲时间增多，在住房中生活的时间增多，对住房的依赖度更高，由于自身身体机能和生活自理能力的下降，老年人长期生活在不适宜的住宅中会提高其心脏病、呼吸道疾病等的患病率，更会直接造成跌倒伤害。更重要的是，依据美国学者的调查研究，良好的居住环境也积极影响着老人的心理健康，对老人的生活质量和生存尊严都具有重要意义。而在社区公共空间的层面，衰老会导致老人日常活动范围的缩小，社区所提供的休闲、娱乐、锻炼和社交场所成为老人频繁活动的区域，到达这些空间的连接通道与空间内部设施的安全性和完善度均影响着老人生活的健康度和幸福感。此外，起居照顾、日常购物、基本护理等社区为老服务支持，积极影响着自理能力较低的老人的健康水平和生活满意度。

目前，我国大多数老年人的居住环境并不理想。由于曾经特定的社会发展阶段，大量现有住宅在设计时都以中青年为主要使用对象，忽视了老年人的居住需要，社区养老设施和配套服务也相当匮乏，与养老需求不匹配。尤其是在辖区内包含了大量建成于20世纪的老旧住宅群的社区中，聚集着大量老年居民，其中建筑标准低、空间布置不精细、缺少无障碍设计和为老服务体系等问题格外突出，严重影响着老龄群体生活的安全性和舒适度。面对大量的既有社区，显然推倒重建既不经济也不符合可持续发展要求，城市更新大环境下的适老化改造才是当下最为现实的解决方法。

近年来，在养老服务体系政策的推动下，为了解决人口老龄化带来的各类社会问题，我国各省市开始了对社区适老化改造的实践探索，部分试点项目有序开展，其中上海和北京两市的表现最为突出。

一、上海市社区适老化改造现状

上海是我国最早开展社区适老化改造的城市，早在2009年就在长宁区、黄浦区、静安区、杨浦区和浦东新区开展“老年宜居社区”“老年友好城市”试点工作，试图从环境、居住、设施、服务和文化五个方面入手来提高老年人的生活质量。

2012年，上海首次在全市层面开展适老化改造项目，在黄浦区、徐汇区、长宁区、静安区、普陀区、闸北区、虹口区、杨浦区、浦东新区和崇明县共10个中心城区和区县开展工作，帮助经济困难的老年人家庭进行居室内部的适老化改造。该项目由社会福利彩票公益基金每年出资2000万，由上海市民政局牵头，采用招投标的方式交给街道基层组织和社会组织实施具体的改造工程。改造的内容主要分为安全性、无障碍性和整洁性三大类。安全性改造的主要内容为：更换室内老化或裸露的电气线路并配置安全插座，更换严重老化的热水器、煤气灶等，更换室内严重锈蚀的水管、煤气管、软管等，更换损坏的门锁，更换破碎的窗户玻璃等；无障碍性改造的主要内容为：铺设防滑地砖、扩大居室门框、平整地面及改建厨房的操作台等；整洁性改造的主要内容为：更换旧式水龙头、用节能灯更换老旧灯泡、粉刷居室屋顶和室内墙面、给门窗涂刷油漆及安装简易实用的储物柜等。在改造项目的具体实施中，不同的老年人家庭根据自身的实际情况，在上述的适老化改造项目中选择需要的部分进行改造，从而降低跌倒、失火、煤气中毒等意外事故的发生概率，有效改善困难老年人家庭的居住条件和生活质量。

由于资金有限，为了使适老化改造成果优先惠及需求最迫切的老人，该住房改造项目的受助老年人家庭及其住房需要符合以下三个条件：一是受助者应当为年满 70 岁的低保困难老年人，且没有或缺少其他家庭成员的经济支持，而困难孤老是其中的重点优先扶持对象；二是改造的房屋应以居住条件恶劣、年久失修的老式住房为主，且受助的老年人家庭应当拥有房屋产权或长期使用权，同时，近期未被纳入动拆迁规划；三是如果接受适老化改造的家庭需要老年人迁出原居室进行改造的，该家庭还应有承担自行在别处临时过渡 1 ~ 2 个月的条件和能力，如果是孤老则由街道组织负责让其在邻近的养老机构中度过改造期。此时期的适老化改造项目积累了大量的实际经验，但同时也暴露出了供需矛盾、公平性和过渡居住等问题。一方面，该项目下的适老化改造类似于简易装修，改造成效与老人实际需求之间还是存在一定的差距；另一方面，由于政府没有改造时期的过渡补贴，有相当数量缺少第二居所的老年人家庭主动放弃了改造。此外，根据对上海中心城区的抽样调查，到“十三五”末期，上述城区的既有住宅中有 150 万户左右的 60 岁以上的老年人家庭，其中包括了超过 30 万户的 80 岁以上的老年人家庭，而他们中的很大一部分都居住在建设标准较低的老旧里弄和公房中，显然每年 2000 万基金、共 1000 户的适老化改造项目不足以解决问题，供需矛盾较为突出。

2013 年，上海市老龄工作委员会办公室先后联合相关政府部门下发了《上海市老年友好城市建设导则（试行）》和《上海市老年宜居社区建设细则（试行）》，在全市选取了 40 个街道全面推广老年宜居社区的建设试点。2014 年 8 月，上海市老龄办联合民政局又出台了《关于推进老年宜居社区建设试点的指导意见》（沪老龄办发 [2014]10 号），提出了要有要求、有原则、有目标、有任务、有保障地建设老年宜居社区，为下级政府的社区适老化改造工作指明了方向。到 2015 年 6 月 1 日，上海市正式发布实施了《老年友好城市建设导则》（DB31/T883—2015），同年上海市试点建设的适老型社区已经发展到了 100 个，为老年人居家养老的宜居生活提供便利。2016 年末，上海市地方标准《老年宜居社区建设细则》（DB31/T 1023—2016）也正式发布，上海成为全国第一个正式完成相关标准制定的城市。该标准结合上海市的社会经济发展的实际状况，从老年人生活涉及的居住要求、公共设施、服务供给、生态环境和社会文明五个方面进行建设，对社区日常生活的居住环境、出行安全、公共设施和服务便利等硬件设施、软件服务、管理要求和环境营造等进行了全方位的设计、制定和规范。随着适老型社区的建设发展，上海市又推出了“助浴、助洁、助医、助餐、助行、助急”服务，各社区发展自己的特色来建设养老服务体系。例如，虹口区的欧阳社区就建立了网络敬老院，为老人提供生活照料、精神慰藉等 60 多项的网上预约服务；浦东新区的康桥镇也搭建了为老服务平台，通过多种优惠政策吸引家政、配送等社会资源加入。

2020 年，为了缓解政府主导的传统居室适老化改造项目的供需矛盾问题，上海市开始探索居家环境适老化改造的市场化工作。为了贯彻落实《国务院办公厅关于推进养老服务发展的意见》（国办发 [2019]5 号）、《民政部关于进一步扩大养老服务供给促进养老服务消费的实施意见》（民发 [2019]88 号）等文件的要求，上海市民政局于 2019 年底出台了《关于本市开展居家环境适老化改造试点的通知》（沪民养老发 [2019]31 号），在全市 5 个区 6 个街道，面向所有老年人家庭试点推广市场化的居室适老化改造项目，并于 2020 年 7 月正式启动。同年年底上海市民政局又出台了《关于本市居家环境适老化改造扩大试点工作的通知》（沪民养老发 [2020]31 号），于 2021 年把试点范围扩大至全市的 16 个区 51 个街道，并将在两年试点所得实践经验的基础上，逐步向全市所有街道铺开适老化改造。

新时期的居室适老化改造试点项目的性质从以往的政府托底全资保

障、公益性向市场化运作、普惠性转变，采取“政府补贴一点、企业让利一点、家庭自负一点”的资金分担机制，由上海市民政局牵头，委托上海地产集团进行平台运营管理，公开招募产品商和服务商提供改造服务。依托上海市居家环境适老化改造服务平台可以完成“申请—评估—设计—施工—验收—结算—售后”的一站式改造流程。居民可以自主线上申请或居委会代理申请，申请后运营方将组织专业队伍上门进行评估，按需确定改造方案，满足老年人家庭日益增多和个性化的居家改造需求，并全程对适老化改造的各环节进行监督管理，确保服务质量。此时的适老化改造试点项目不再局限于低保、低收入、失能的困难群体，而是面向所有居住在试点街道的老人家庭，同时，对满足要求的老人家庭的经济困难程度、身体照护等级、是否为特殊群体等维度申请不同比例资助，上限为3000元。

由于老人的需求各有不同，房屋的改造内容也有所升级，为老人提供基础产品配置、局部改造、整屋或部分空间整体改造三种方式，根据玄关、卫生间、厨房、客厅、卧室、阳台及过道七大生活场景进行分类，共提供60余项产品和服务，老人可以根据自己的需求进行组合搭配和个性定制。其中基础产品配置价格为3000元，是指扶手、淋浴凳、防滑贴、燃气报警器、小夜灯及紧急呼救器等适老设施的安装；局部改造指消除地面高差、电路安全改造、浴缸更换为淋浴等，意在解决关键的局部问题；整屋或部分空间整体改造则是指卫生间、卧室、厨房等频繁出入重要空间的翻新或全屋的整体改造。

上海市适老化改造的有效落地实施，离不开多渠道的大力宣传推广，除了从微信、新闻、报纸、广播等传统媒介进行宣传外，还在一些社区内建设了多家适老化体验中心。例如，在上海首家以石库门里弄为原型功能改建的适老化智慧养老展示体验中心内，$30m^2$的空间包括了厨房、餐厅、卧室、浴室等多个适老化空间，在其中设置了长者看护系统、居家呼叫系统及环境安全系统等防范老人遗忘关火、关门等，同时，也配置了定位系统供失智老人家庭使用。虹桥街道社区综合为老服务中心微展厅内还展示了智能家居类、健康监测类等适老化产品，供社区居民试用体验。

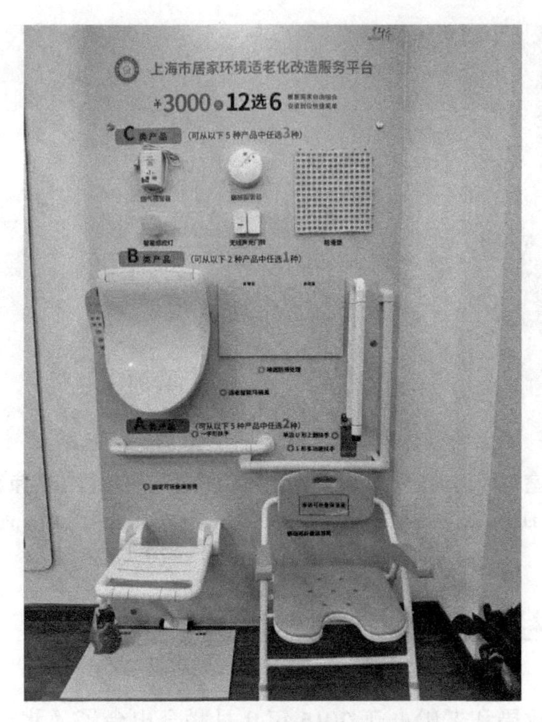

图 3-1　3000 元的基础产品套餐

（图片来源：https：//baijiahao.baidu.com/s?id=1700982343323055991&wfr=spider&for=pc）

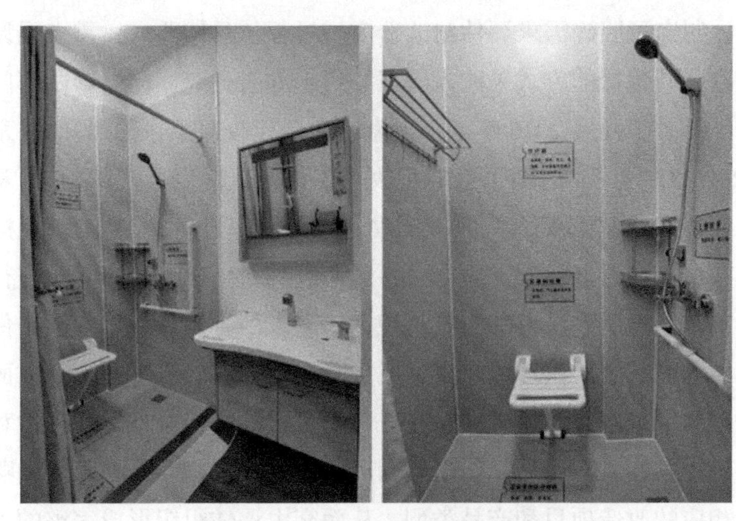

图 3-2　9900 元浴缸改淋浴套餐

（图片来源：https：//baijiahao.baidu.com/s?id=1700982343323055991&wfr=spider&for=pc）

图 3-3 浴室样板房内配备了滞留探测器和紧急呼叫装置（南京路街道供图）

（图片来源：https：//baijiahao.baidu.com/s?id=1676683457794836591&wfr=spider&for=pc）

二、北京市社区适老化改造现状

北京市民政局和老龄办于 2016 年 9 月联合出台了《北京市老年人家庭适老化改造需求评估与改造实施管理办法（试行）》（京民老龄发 [2016]374 号），在残联实施残疾人家庭无障碍改造经验的基础上，广泛征求相关部门意见，制定了明确需求评估与改造实施过程的具体要求，重点强调了各区要通过公开招标的方式采购入围服务组织和服务商。同日，两部门还联合发布了《关于开展 2016 年老年人家庭适老化改造工作的通知》（京民老龄发 [2016]375 号），启动了适老化改造工作，对北京市户籍 60 岁及以上的城市特困、农村五保、低保、低收入老年家庭进行每户 5000 元标准的适老化改造。在适老化改造中，由各区民政局对已申请的老年人进行资质审核，审核通过后联系评估服务组织，对老人的身体状况、生活条件、康复辅助器具需求、居室环境、家庭成员及享受的养老政策这五个方面进行评估，以确定基本改造需求，在充分考虑可行性、安全性、便利性和舒适性的基础上进行方案设计。而老人则可以依据设计方案，在政府采购目录中选择相应的改造项目和产品类型，从而交由评估组织形成完整的评估管理档案，留存并报区民政局审查，并按要求将评估结果录入信息管理系统，接受社会监督。到2020年底，北京市居家适老化改造项目和老年用品配置已经包括了7项基础类项目和23项可选类项目，分为地面、门、卧室、如厕洗浴设备、厨房设备和物理环境改造及老年用品配置等七大类别。

2017年，北京市朝阳区对辖区内的140户高龄、特困及残疾老年人家庭进行了“一户一设计”的个性化免费适老化改造，重点针对老年人周边、身边、床边存在的不适老、不宜居问题，从建筑硬件、家具家装改造、康复辅助器具适配、智能化助老服务设施配备这四个方面改善居住环境。截至目前，朝阳区已经为1000多户的老年人家庭完成了适老化改造工作，并制定完成了《社区养老服务驿站设施配置标准》《居家改造适配评估标准》《适老辅具适配从业人员培训教材》等标准及指南。

在结合社区公共服务的适老化改造方面，2019年4月由海淀区政府出资，把已建成超过40年、老龄化率达15%的南二社区作为了北京市首个社区适老化改造试点，对适老居住环境、出行环境、健康环境、服务环境、敬老社会文化环境营造五大方面进行设计提升，同时对社区内99户80岁以上老人和重度失能老人家庭进行家庭居室适老化改造，包括防滑垫、感应夜灯、连续手把及洗澡椅等方便老人自理生活设备的配置，以及可以实现就寝、习惯化动作、如厕、洗浴等实时数据监测的智能设备的配置。此外，社区设立了24小时监控管理中心，运用RFID电子标签、智能看护、智慧家庭健康养老技术，提供实时监测、长期跟踪、健康指导，使老人在家中发生意外时也可以一键呼叫工作人员赶来。而在公共空间中，社区还配置了12个室外报警桩，一旦有人跌倒或发生意外，可供一键报警，一分钟内就会有工作人员前来救助。同时，社区内对有条件的楼栋加装了电梯，或是通过配备爬楼机辅助老人上下楼，还整理绿化用地、新增户外扶手、新增园林步道、设置指示导牌、改造地面等，为老人提供了适宜的出行环境。在软件服务方面，社区卫生服务站新增了日间照料、呼叫服务、健康指导、心理慰藉、助老、助餐、助浴等老年服务项目，并开展了老年康复、中医保健、健康管理服务等项目，对高龄独居、中重度失能的老年群体提供家庭养老服务床位。养老驿站和老人活动中心经过改造提升后还为老人提供了写字画画、手工编织及打牌聊天等休闲娱乐服务，且补齐了便利店、理发、家政、洗染、维修及末端物流等八项基本便民服务功能。

位于北京市东三环的劲松北社区的适老化改造于2019年7月启动，与南二社区的政府托底不同，劲松北社区采用了市场化的改造方式，这也是北京市首次在社区适老化改造中引入社会机构和社会资本，具有特殊意义。劲松引入了北京愿景明德管理咨询有限公司进行“投资—设计—实施—运营”一体化的打包改造服务，试图“基础类”和“提升类”相结合、“软件”与“硬件”双管齐下、“建设”与“管理”并重，并于前期率先投入了3000万用于改造工程。为了找到合适的营利模式并帮助企业实现“微利可持续”，朝阳区房管局和劲松街道经过盘点、测算，把社区配套用房等约1600平方米的低效利用空间运营权交给咨询公司。在该公司的测算中，这些低效利用空间的租金可占总收益的46%，剩下的54%则由物业费、停车管理费、多种经营收入以及政府补贴构成，有望在10年内就收回改造和管理成本。由于社区改造比住房改造更为复杂，需要兼顾全年龄人群的需求和想法，因此，除了资金问题，具体改造内容和后续运营管理方式的确定也不是一件易事。据相关负责人透露，社区共组织召开了超过20场居民议事会、走访了2000多位居民，用了大半年时间反复推敲，才最终确定了改造方案——停车管理、治安、景观、灯光、电梯加装等21大类共51项内容。改造后的劲松北社区不仅有中心公园、乒乓球场等娱乐运动场所，还开设了美好理发店、美好邻里食堂、美好会客厅和智慧服务平台等为老服务空间。

2021年5月25日，北京市住建委发布了《关于老旧小区综合整治实施适老化改造和无障碍环境建设的指导意见》(京老旧办发[2021]11号)，推出了适老化改造菜单，将改造分为了基础类、完善类和提升类共三大类29小项，其中基础类的9项必须改造的内容都是围绕着通行无障碍而设定的。另外，指导意见指出，在“十四五”期间，北京在实施综合整治的老旧小区中要因地制宜地逐个明确小区适老化改造和无障碍环境建设的内容，同时，要加强适老化改造的设计管理，引入责任规划师，在其指导下确定改造和建设菜单。指导意见还提到要推动和支持物业服务企业、养老服务机构等采用“物业服务＋养老服务”的模式，专门提供助餐、助浴、助洁、助急、助行、助医及照料看护等定制养老服务，鼓励物业服务企业加强与社区居民委员会、业主委员会的沟通合作，以协助社区居委会搭建老年文化活动平台，开展帮扶老人的志愿服务和娱乐文化活动。

三、其他省市改造现状

除了北京和上海两市以外，其他省市的社区适老化改造试点工作也在逐渐铺开。

江苏省政府在2019年底发布的《关于进一步推进养老服务高质量发展的实施意见》（苏政发[2019]58号）中明确要求推进适老化改造，提出要在2020年底前以政府补贴等方式对所有纳入特困供养、建档立卡范围的高龄、失能、残疾老年人家庭实施适老化改造，在2020—2022年，全省每年要安排不少于3万户经济困难的高龄、失能、重度残疾老年人家庭进行适老化改造，并由各级财政按照一定标准给予补贴。2020年3月，省民政厅发布了《关于做好适老化改造民生实事的通知》（苏民养老[2020]10号），为每年3万户家庭适老化改造进行了具体工作安排。江苏省各地市政府也在民生工作中多次强调推进适老化改造实施工程，南京市早在2017年6月就出台了《关于拨付2017年度居家和社区养老服务改革试点中央财政专项资金的通知》，明确提出要在全市范围内探索和开展居家适老化改造工作。常州市政府在2019年3月投入900万元，以每户3000元的补贴标准为困难老年人家庭进行适老化改造。同年7月，无锡市也出台了《无锡市困难老年人家庭适老化改造实施办法（试行）》（锡民联发[2019]13号），对困难老年人家庭适老化改造的目标、原则、对象、内容、对象等作出明确规定，以每户不超过8000元的补贴标准对1000户老年家庭进行改造试点。苏州市于2021年启动适老化改造工作，对城乡特困低保及低保边缘、低收入和计划生育特别扶助对象、80岁及以上、65岁及以上这四种不同类型人群分别给予100%、80%、40%、20%且每户不超过3000元的补贴。

2019年，杭州市民政局也启动了包含200户困难老年人家庭的首批适老化改造项目，分别分布于上城区、拱墅区、西湖区和临安区，该项目采用政府购买服务的方式，每户补助不超过 6000 元，超出部分以优惠价自费，而审核条件则参考了上海市适老化改造的三项审核条件。

同样，湖北省宜昌市在 2018 年为困难老人进行了每户补贴不超过 5000 元的室内适老化改造，而安徽省安庆市 2019 年的改造项目中的每户补助限额为 5500 元，合肥市庐阳区在 2019 年为 80 户困难老人进行了免费的“适老化 + 智慧化”的室内改造，吉林省长春市于 2020 年也为 400 户以上的困难老年人家庭提供了免费的居室适老化改造。

第二节　面临的主要问题

虽然早在 2014 年，住建部等 5 部门联合发布的《关于加强老年人家庭及居住区公共设施无障碍改造工作的通知》（建标 [2014]100 号）就拉开了我国社区适老化改造的序幕，而后从中央到地方也陆续在相关的养老服务政策文件中下达了更详细的工作要求和补贴政策，但从上一节对改造现状的梳理还是可以看出，适老化改造主要集中在经济发达的一二线城市，发展进程缓慢，至今依然还处于试点摸索阶段，存在着不少缺陷。首先在居民住宅室内的适老化改造中，除了上海市从 2020 年开始试点市场化工作、面向试点街道的所有老年人提供改造平台并给予不同等级的财政补贴以外，其他城市的室内改造工作基本都集中在困难老人家庭，受益于此的老龄群体人数相当有限，即使有其他普通老年人家庭愿意自费参与适老化改造，也会由于找不到合适可靠的改造服务企业而最终选择放弃。其次，在社区公共空间的适老化改造中，开展时间更短、形成改造试点体系的城市更是寥寥无几。由此可见我国社区适老化改造的全面落实还面临着巨大阻力，各方参与主体之间的利益关系复杂交错，存在着众多障碍因素亟待破解。

为了贴合我国具体国情切实分析现阶段社区适老化改造所存在的问题，结合中国知网（CNKI）上约 40 篇阐述内容涉及适老化改造各种障碍的文献资料，同时结合网络、电视等媒体新闻报道中行业专家的观点表述，初步概括提炼出障碍因素后，再就此向行业专家进行访谈，进一步对这些因素进行合并、增减和修正，最终得到了以下 12 个我国社区适老化改造具体的障碍因素，主要集中在四个方面。

一、指导标准缺位

就目前而言，虽然上海等极少数地区已经发布了有关适老化改造的地方标准，但其他大多数省、区市并没有完整可行的改造标准，且在国家层面也未出台专门针对社区适老化改造统一的标准规范，改造什么、资金来源、如何实施、质量评价、后续维保等问题都尚未定论，尤其是当改造项目涉及老人的安全问题时，极易出现纠纷。另外，鉴于社区的基本条件和老人的实际需求各不相同，适老化改造必须因地制宜，而现阶段缺乏科学的评估体系，导致在改造前期难以对项目定位和功能配置进行充分的论证，严重影响了适老化改造的效率，甚至有可能会发生改造后效果与老人需求脱节的无用功。具体而言，主要包括以下几个障碍因素：

1. 缺乏适老化改造标准和技术规范

由于目前我国的社区适老化改造还处于探索阶段，国家或地方层面已经出台的针对老年人的规范标准主要集中在养老设施建筑方面，虽然，在社区改造中可以参考养老机构等公共服务设施中的部分适老设计标准，但两者之间并不等同，社区适老化改造依然需要针对性的、系统性的、统一具体的专业性标准规范。虽然，上海、北京、杭州等个别城市或其市辖区开始尝试编制或已经出台适老化改造相关标准，但这些标准并没有完全系统化地覆盖住宅内部和社区公共空间的硬件设施和软件服务改造，也未能实现全国或省域层面的统一。由于不同社区的现状、居民需求和改造难度都不相同，标准规范的缺乏和不统一导致在社区适老化改造中缺少了完善的理论指导，因此，难以形成可大范围推广的模式，也难以判断改造效果和质量的优劣，一旦出现问题极易产生无据可依的纠纷，对于市场上改造服务企业的良性竞争和未来改造工程的推广会产生消极影响。

2. 缺乏前期科学的评估体系

近年来，为了提高适老化改造的水平，一些学者在该领域展开了卓有成效的研究，但这些研究多数是从个案的具体设计角度出发进行探讨，缺乏普适性。然而，无论是家庭住宅内部还是社区公共空间都存在着较大的个体差异，因此，在实施适老化改造前首先要进行个性化的方案设计，而完成高质量设计的前提是要充分掌握社区的现状和老年居民的需求，这需要一个科学的评估体系，提取现实状况中的各种影响因素放入体系中进行评估后，从适用、经济、舒适、健康、安全等多角度全方位考量，从而确定项目定位、功能配置、设施设备、改造模式、实施流程及事后运维等。

3. 宜老居住环境的内涵界定不清

虽然，社会各界都普遍认可社区适老化改造的必要性，各地的试点工作也在逐渐地推进之中，但各方对于适老居住环境的内容、范围、实现效果等内涵问题尚未形成较为普遍、完整的认知。当各方对于宜老居住环境的内涵界定不清时，自然对于社区适老化改造的目标拟定也会有所出入，可能会影响到后续的具体实施和改造效果的呈现，同时也会阻碍适老化改造的经验推广并降低积极性。

二、资金投入机制不完善

社区适老化改造不是凭空完成的，除了要有专业人才、政策扶持、标准规范及科学方案等一套成体系的操作流程之外，必不可少的还有足够的资金投入，这也是很多城市更新项目普遍所面临的一大问题。迄今为止，我国的社区适老化改造项目主要由政府出资，虽然，政府资金投入可以填补市场的空缺并起到示范作用，通过政府购买服务，培育形成适老化改造市场，并撬动社会资本进入适老化改造市场。但在实际推进工作中，由于社会正处于建筑业发展的黄金时期，社会各界对人口老龄化问题的敏感度不高，更为注重当下的发展速度，而忽视了未来的社会趋势，这就导致目前存在大批既有社区无法适应老年居民的需求，亟待适老化改造，需要投入巨大的资金量，仅靠政府资金投入造成了适老化改造的力度有限，远远无法满足庞大的潜在需求市场，如何完善资金投入机制、拓宽资金来源渠道，是阻碍适老化改造推广的瓶颈问题之一。

1. 社会资本参与度低

就目前而言，我国的适老化改造还属于政府的惠民工程，基本由政府补贴大部分的改造费用，而社会资本投资的参与度很低，其他工程项目中经常出现的几种 PPP 模式，几乎还没有被引入该领域的实践中。总体而言，社区适老化改造中的市场化程度低，社会资本的缺席大大收窄了改造资金的来源通道。

2. 缺少对投资的激励措施

无论是在哪种项目中，资本投资都是为了获得收益。而在社区适老化改造中，或由于政策不到位，或由于利益关系难以调和，或由于权责分配不明晰而未制定具体方案，目前对于引入社会资本还没有明确的激励机制，这对于本就缺乏社区适老化改造的市场运作经验而踌躇观望的社会资本而言，极大打击了其进入该领域的积极性。只有各方共同努力，找到明晰、稳定、可行的投资营利模式，才能树立社会资本投资的信心，从而吸收更多的改造资金，加快适老化改造的发展速度。

3. 社区资源整合困难

社区资源的应用是资本投资的重要营利点之一。一般而言，辖区内老旧住宅区中社区的适老化改造需求最为迫切，它们大多数都存在老年人居住密集、适老设施匮乏、房屋质量偏低及住宅内部结构不适老等问题。但与此同时，这些社区又由于建设时期较早，恰恰处于良好的城市区位，拥有便捷交通条件和稳定的邻里网络，其用地资源和弃用房屋资源仍有不小的潜力空间可待挖掘。例如，在上海等地的一些社区就通过资源置换、租赁等形式增加了养老服务设施，或是利用山墙面进行了养老服务设施的加建或改建。但由于可能存在产权不明等历史遗留问题，政府、居委会、居民等多方之间存在着利益博弈，导致它们在适老化改造过程中资源整合困难，成为制约因素。若能协调理清复杂的产权等问题，充分挖掘社区自身的社会经济价值，就有可能找到更多的投资营利模式，从而扩宽资金来源渠道，激发适老化改造的市场活力。

三、公众参与不足

就社区适老化改造而言，无论是住宅内部还是公共空间的软硬件改造，老年居民及其家庭都是最直接的利益相关者，他们的态度对适老化改造的发展至关重要。此外，社区公共空间的规划改造关系着全体居民的利益，空间用途的分配、公共设施后续的运维费用等问题需要在改造前与多数居民达成统一的意见。因此，其他年龄段的居民能否理解适老化改造并对其产生认同感和同理心也影响着适老化改造实施的成功率。但由于宣传普及不够，即使是直接受益者——老人及其家人，也会对适老化改造的可行性与必要性持怀疑态度，不愿意参与改造，更不愿意为此支付一定的费用。

1. 其他居民的利益难以协调

社区公共空间的适老化改造往往会牵涉到所有居民，而不仅是老年人家庭，改造的成果基本是针对老年人，尤其是给行动不便、自理困难的老人带来极大的好处，社区中其他年龄阶层的居民根本没有参与其中的动力。改造带来的生活不便和相关费用负担会使中青年群体产生抵触情绪，例如，施工期间产生的噪音和行动不便、加装电梯引起的震动、采光问题、安装运维费用、沟通困难、利益难以调和，从而阻碍了适老化改造的实施。

2. 老年人家庭缺乏适老化改造意识

在我国，社区适老化改造尚属新鲜事物，社会的认知和理解普遍不足，多数老年人及其家人依然不了解适老化改造的内容和效果，也容易产生认知误区，例如，简单地将改造等同于普通装修，认为费钱费力，没有必要大费周章。还有些低龄老年人未能正确理解居住环境适老化的多层次性，认为自己的身体还很健康，不需要适老化改造。此外，目前还缺少成体量的成功项目让居民切实体会到适老化改造的好处，适老化改造市场也尚不成熟，更多的居民即使听说过这个概念也会怀疑其可行性和最终呈现的效果。

3. 老人不适应改造时和改造后的环境

在社区公共空间的改造过程中，需要划出一定的施工场所，使本就狭小的空间更为拥挤，很容易产生扰民、交通不便及施工扬尘等问题，影响老人及其他居民的日常生活。而在房屋内部改造中，根据改造项目设计方案的不同，有时可能还会需要老人临时搬出住宅，在外寻找到一个合适的临时安置点，这也给家庭或街道社区增加了额外的负担。另一方面，在改造完成后，有些老人可能需要适应一定时间才能习惯新的居住环境，甚至出现改造后的软硬件设施可能与老人需求不匹配、改造效果未达预期等问题，例如，涉及信息智慧设施时，如何使老人接受并教会其使用就是一个值得研究的问题。

4. 老年人家庭消费不足

除了政府和社会资本，适老化改造的另一个消费主体就是老年人家庭，主要由老人自己或是其子女支付一定的改造费用或后续使用费用。然而，一方面，老人可能由于经济来源单一、储蓄少而无力承担费用，或是有经济能力却不愿意、不舍得为自己支付这笔费用；另一方面，子女也有可能缺乏适老化改造意识而忽视了老人需求，或是选择说服父母搬离老宅与自己同住以改善其居住环境，省去了改造的麻烦，由此，也不将金钱投入到适老化改造消费中。同时，不少居民可能还会依赖政府的心理，认为社区适老化改造应是政府一力承担的民生工程，因此，不愿意自掏腰包。而在涉及社区公共空间改造时，即使有时并不需要居民承担项目的一次性改造费用，但在后续运营中也需要居民参与消费，社会资本才能收回成本并获取利润，例如，刷卡使用电梯就是一种重要的营利途径，有些居民也不愿意为这些相关设施支付使用费用。这些原因都导致了个人和家庭的消费潜能尚未被释放，老年人家庭在适老化改造市场上的消费不足。

四、市场供给不到位

企业是社区适老化改造服务的供给主体，它们的技术水平和服务效率极大影响着改造的实施与推广。但由于适老化改造所要求的专业综合性较强，服务团队需要掌握建筑设计、装修施工、养老服务、健康护理及信息处理等多领域的知识并合作协调、融通使用。虽然，不少有关企业都对适老化改造这片新兴的蓝海市场饶有兴趣，但也因该市场的未知性和不成熟而选择谨慎观望，因此，导致目前能够胜任社区适老化改造且积极性高的服务企业非常有限，老年人家庭等需求方在市场上的选择余地也很小。

1. 项目利润率较低

当适老化改造仅仅涉及住宅内部的改造时，单个项目的工程量较小且分散，在行业内尚未形成可以普遍推广的评估体系和改造模式时，“一户一设计”的客观要求又增加了企业的沟通和管理成本，加之由于当前的适老化改造项目的数量较小而又无法整合类似项目的运作经验，难以形成系统化的技术体系，大大降低了改造的工作效率和集约化程度，导致较低的项目利润率。此外，目前在大多数地区，适老化改造还属于政府惠民工程，既需要政府提供补贴，通常也需要服务企业进行一定的让利，这也压缩了工程项目的利润空间。

2. 缺少专业的改造服务公司及老年辅具产品

社区适老化改造的知识体系包括了综合评估、适老设计、改造实施、产品适配和持续服务五大部分的环环相扣。因此，适老化改造服务企业不同于一般的工程公司，具有较强的综合性，需要融会贯通多领域的专业知识技能。就目前而言，我国适老化改造市场上有能力、有技术、有经验的专业公司很少，且由于受到项目利润、工程量、风险及安全纠纷等因素的影响，这些企业对房屋适老化改造的积极性不高而更愿意承接其他普通的工程项目。与此同时，辅具设施是老年人住宅适老化改造中的基础工具，但目前市场上的大多数老年辅具设施还是主要面向养老机构，在尺寸、材质、价格及外观等方面并没有很好地匹配家用需求，产品的精细度和贴心度不足，也限制了改造范围和效果。

第三节　改造障碍因素分析及对策建议

在对相关主管部门、社区和企业的走访调研中发现，社区适老化改造在实践过程中涉及的利益主体众多、各方关系网络错综复杂，由此，引发的各类问题仅仅依靠建筑学或其他单一角度的解决方法是远远不够的，必须还要站在全局角度综合分析。我们在分析社区适老化改造障碍因素时，集成运用了决策实验室分析法（DEMATEL）和解释结构模型法（ISM），科学合理地识别其中的关键障碍因素、梳理各因素之间的层级关系，从而，在此基础上为适老化改造的推广与发展提出针对性的对策建议。

一、障碍因素分析方法简介及计算流程

1. DEMATEL–ISM 方法简介

决策实验室分析法，即 DEMATEL（Decision-making Trial and Evaluation Laboratory），是由美国 Battelle 实验室的学者 A. Gabus 和 E. Fontela 在 1971 年日内瓦的一次会议上提出的一种系统科学的方法论。该方法利用图论和矩阵论原理对系统中各影响因素的原因度、中心度等指标进行计算，有效分析因素对系统的综合影响力，以此筛选复杂系统中的主要因素、简化系统结构分析的过程，从而，充分了解现实世界中复杂且不清晰的问题。该方法主要依据系统中各因素之间的逻辑关系进行计算，充分利用专家的知识和经验，增强处理问题的准确性和有效性。

解释结构模型法，即 ISM（Interpretative Structural Modeling Metho），是现代系统工程中广泛应用的一种分析方法，也是结构模型化技术的一种。从本质上看，ISM 就是将一个复杂的系统分解为若干个子系统，利用知识和实践经验分析因素与因素之间的直接二元关系，在计算机的帮助下进行布尔逻辑计算，以此在不损失系统功能的前提下给出最精简的层次化的有向拓扑图。该模型属于定性分析的概念模型，与数学格式、表格等其他描述方式比，它的展示效果更加直观、层次清晰，尤其适用于变量众多而结构模糊的系统分析或方案排序。

由此可以看出，以上两种方法都着眼于复杂系统的因素分析，如果将两者相结合可以实现取长补短。一方面，在运用 DEMATEL 进行原因度和中心度分析，判别因素在系统中的作用大小，再利用 ISM 进一步梳理出因素间清晰的结构层次关系，从而，实现对系统内部各因素所处地位的全面解析。另一方面，利用 DEMATEL 也简化了 ISM 的计算，为分析过程提供了便利。目前，两者结合的 DEMATEL-ISM 法已经应用于工人不安全行为的认知因素、天然气管道失效原因、城市灾害韧性影响因素、BIM 模型应用障碍因素及康养旅游资源评价指标体系等众多领域的研究，并证明了其在因素分析中的有效性。因此，在分析我国社区适老化改造障碍因素时，选择该方法并充分利用其在处理复杂网络系统问题时的优势。

2. 计算流程概述

（1）综合影响矩阵计算

首先，要采用文献资料、专家访谈及实地调研等多种方式，对分析系统中所包含的障碍因素进行科学全面的识别整理，并对各项因素有序编号，例如，系统中存在着 S_1、S_2……S_n 共 n 个障碍因素。而后再邀请行业内部的相关专家，利用他们的专业知识和实践经验对这些障碍因素之间的影响程度进行打分，这里我们将影响程度划分为无、弱、一般、较强和强共 5 个等级，分别将其赋分为 0、1、2、3、4 分，记为 a_{ij}（表示因素 S_i 对 S_j 的影响程度），若 $a_{12}=3$，则表示障碍因素 S_1 的存在较强导致了障碍因素 S_2 的出现。另外，根据 DEMATEL-ISM 方法的计算法则，当 $i=j$ 时，可以

直接取 $a_{ij}=0$。完成相关数据处理后就得到了直接影响矩阵 A。

$$A=\begin{bmatrix} a_{1,1} & a_{1,2} & \cdots & \cdots & a_{1,n-1} & a_{1,n} \\ a_{2,1} & a_{2,2} & & & a_{2,n-1} & a_{2,n} \\ \vdots & & & \ddots & & \vdots \\ a_{n-1,1} & a_{n-1,2} & \cdots & \cdots & a_{n-1,n-1} & a_{n-1,n} \\ a_{n,1} & a_{n,2} & & & a_{-1n,n} & a_{n,n} \end{bmatrix}$$

而后再通过公式（1）统一量纲，对直接影响矩阵 A 进行规范化处理，得到标准化直接影响矩阵 B，式（1）中，$\max\limits_{1\leqslant i\leqslant n}\sum\limits_{j=1}^{n}a_{ij}$ 表示矩阵 A 中各行之和中的最大值，由此，处理后的矩阵 B 中的元素有 $0\leqslant b_{ij}\leqslant 1$。

$$B=\frac{A}{\max\limits_{1\leqslant i\leqslant n}\sum\limits_{j=1}^{n}a_{ij}} \tag{1}$$

在得到标准矩阵后，考虑到各障碍因素之间的波及作用，为了兼顾各因素之间的直接影响关系和间接影响关系，根据公式（2），采用综合累加的方式求取综合影响矩阵 T，以确定每一个障碍因素相对于系统中其他因素的综合影响程度。

$$T=\sum_{i=1}^{n}B^{i}=B+B^{2}+\cdots+B^{n} \tag{2}$$

（2）中心度与原因度的计算

在综合影响矩阵的基础上，根据公式（3）和公式（4）对矩阵 T 分别展开行相加、列相加，可以得到各因素的影响度 f 和被影响度 e，分别表示该因素对其他因素的总作用程度、其他因素对该因素的总作用程度；采用公式（5）将影响度和被影响度相加得到中心度 M，即为该因素在系统中重要程度；采用公式（6）将影响度和被影响度相减得到原因度 N，强调该因素的属性，若 $N_i>0$ 则为原因因素，反之则为结果因素。

$$f_i=\sum_{j=1}^{n}t_{ij}\quad i=1，2，\cdots，n \tag{3}$$

$$e_i=\sum_{j=1}^{n}t_{ji}\quad i=1，2，\cdots，n \tag{4}$$

$$M_i=f_i+e_i \quad i=1,\ 2,\ \cdots,\ n \tag{5}$$

$$N_i=f_i-e_i \quad i=1,\ 2,\ \cdots,\ n \tag{6}$$

（3）可达矩阵的计算

这里所说的可达矩阵，就是用矩阵的形式表达有向图中各节点之间经过一段通路后的可达程度，以此来描述系统各要素的相对位置关系。若 S_i 到 S_j 可达，则表示至少存在一条可行路径使因素 S_i 导致因素 S_j 的出现。为了得到可达矩阵，首先利用公式（7）得到整体影响矩阵 H，其中，I 为单位矩阵；而后引入阈值 λ 以消除矩阵中的冗杂信息，剪除影响程度较小的因素关系，使系统结构更加简洁合理，如式（8）所示，其中 h_{ij} 为矩阵 H 中相对应的元素，求出的 c_{ij} 即为可达矩阵中的元素，$c_{ij}=0$ 表示 S_i 到 S_j 不可达，$c_{ij}=1$ 表示 S_i 到 S_j 可达。

$$H=T+I \tag{7}$$

$$c_{ij}=\begin{cases}0,\ h_{ij}<\lambda \\ 1,\ h_{ij}\geqslant\lambda\end{cases} \quad i,j=1,\ 2,\ \cdots,\ n \tag{8}$$

$$\lambda=\alpha+\beta \tag{9}$$

在给定阈值时，为了降低主观性，本文选择基于统计分布的方法确定 λ 值，如公式（9）所示，其中，α 和 β 分别为矩阵 T 中所有元素的均值和标准差，相加得到 λ 后将阈值代入式（8），以此最终就得到了可达矩阵 C。

$$C=\begin{bmatrix} c_{1,1} & c_{1,2} & \cdots & \cdots & c_{1,n-1} & c_{1,n} \\ c_{2,1} & c_{2,2} & & & c_{2,n-1} & c_{2,n} \\ \vdots & & & \ddots & & \vdots \\ c_{n-1,1} & c_{n-1,2} & \cdots & \cdots & c_{n-1,n-1} & c_{n-1,n} \\ c_{n,1} & c_{n,2} & & & c_{n-1,n} & c_{n,n} \end{bmatrix}$$

（4）障碍因素层级的划分

在得到可达矩阵后，还需要在此基础上划分障碍因素的层级，构建递阶结构，明晰因素之间的层级关系和作用路径。如公式（10）和公式（11）所示，将可达矩阵 C 中各行元素中为 1 的因素项构成可达集 R，将各列元素中为 1 的因素项构成前因集 Q。若 $R_i=R_i\cap Q_i$，则表明因素 S_i 处于当前所有因素中的最高层。

$$R_i=\{S_j|S_j\in S,\ c_{ij}=1\} \tag{10}$$

$$Q_i=\{S_j|S_j\in S,\ c_{ij}=1\} \tag{11}$$

在得到第 1 层障碍因素集后，将可达矩阵中已分层因素的有关行和列全部删除，即如果因素 S_i 已确定为第 1 层级因素，则在可达矩阵 C 中将第 i 行和第 i 列的元素全部划除，得到一个新的矩阵。而后在新矩阵中重复上述的分层操作，得到第 2 层障碍因素，以此类推，直至完成所有因素分层。

二、社区适老化改造障碍因素的分析计算

1. 障碍因素识别整理

在 DEMATEL-ISM 方法框架下，对社区适老化改造的障碍因素进行分析，依据本章上一节对我国适老化改造实践过程中遭遇的各种障碍因素的系统性识别，对整理出的四方面共 12 项障碍因素进行编号及概括，如表 3-1 所示。

社区适老化改造障碍因素　　表 3-1

编号	因素	说明
S_1	缺乏适老化改造标准和技术规范	指缺少有针对性的、系统性的、专业性的、统一具体的社区适老化改造标准规范
S_2	缺乏前期科学的评估体系	指在设计改造方案时，缺少普适性的对社区现状和养老诉求的科学评估体系
S_3	宜老居住环境的内涵界定不清	指各方对适宜老人居住环境的内容、范围和实现效果等内涵问题尚未有明晰完整的界定
S_4	社会资本参与度低	指社区适老化改造的市场化程度低，社会资本很少参与改造的投资
S_5	缺少对投资的激励措施	指尚未确立激励机制，没找到明晰、稳定、可行的社会资本投资营利模式
S_6	社区资源整合困难	指在适老化改造过程中的资源整合受到制约，社区自身的资源尚未得到充分利用
S_7	其他居民的利益难以协调	指社区公共空间的适老化改造产生的生活不便和相关费用负担会使中青年居民产生抵触情绪，利益难以协调

续表

编号	因素	说明
S_8	老年人家庭缺乏适老化改造意识	指老人及其家人不了解社区适老化改造的内容和效果，认为这是不必要或不可行的
S_9	老人不适应改造时和改造后的环境	指改造时可能会产生噪声扰民、交通不便、临时搬出等问题，改造后的软硬件设施可能与老人的养老诉求不匹配，如不习惯信息智慧设施等
S_{10}	老年人家庭消费不足	指老人及其家人不愿意支付或无力承担社区适老化改造的费用和后续运营使用费用，个人和家庭的市场消费能力尚未释放
S_{11}	项目利润率较低	特指住宅内部适老化改造项目工程量较小且分散，集约化程度也不高，且作为惠民工程需要企业让利，导致了项目的低利润率
S_{12}	缺少专业的改造服务公司及老年辅具产品	指我国适老化改造市场上有能力、有技术、有经验的专业服务公司少且积极性不高，适用于家庭场景的老年辅具产品也较少

根据前文对我国各地适老化改造现状的总结归类，以及对社区适老化改造试点项目的走访调研，我们可以发现，目前社区适老化改造主要分为公共空间适老化改造和住宅内部适老化改造两部分，且目前这两部分工作的改造内容和模式都有着较大的差异，在实践中常常可以分项完成。

在社区公共空间的硬件设施和软件服务体系的适老化改造中，愿意为改造工程负担一定费用的居民少之又少，个体的出资比例分配也难以协调。因此，为了尽量减少该问题对适老化改造落地的阻力，试点之初往往由政府出资托底保障项目的实施，而后逐步走向市场化，鼓励吸引社会资本投资，承接项目的建设和运营，通过设施运营权、空置用房用地等社区资源置换改造资金，参与主体众多且利益关系错综复杂。而住宅内部的适老化改造属于个人或家庭行为，相较而言项目所牵扯的利益相关方较少，往往由老年人家庭出资和政府补贴共同完成。由此可见，社区公共空间和住宅内部两种适老化改造的障碍因素并不完全相同，为了更清晰、更准确地呈现出各障碍因素的地位和作用关系，分别在这两种改造情境下进行因素分析。

2. 公共空间适老化改造障碍因素分析

（1）基于 DEMATEL-ISM 的计算结果

首先，将社区适老化改造的范围限定为公共空间改造，对此情境下可能遭遇的障碍因素进行更具体的分析，进一步筛选表 3-1 中所列的 12 个障碍因素，最终保留了 $S_1 \sim S_{10}$ 共 10 个因素，剔除了 S_{11} 项目利润率较低和 S_{12} 缺少专业的改造服务公司及老年辅具产品两个特指住宅内部改造的障碍因素。

为了使应用于计算分析的数据更加科学可靠，我们邀请了 5 名包含社区适老化改造相关企业人员、地方政府老龄办工作人员和大学科研人员在内的几位专家，通过德尔菲法反复函询，对筛选出的 10 个障碍因素之间的影响程度进行打分。在得到了各位专家的反馈评分后，我们对获得的所有有效数据中各项 a_{ij} 分别求取平均值，从而尽可能地消除专家之间的主观认知误差，最终得到障碍因素的直接影响矩阵 A。

然后，按照上文所述步骤逐步计算，最终得到了社区公共空间适老化改造各障碍因素的中心度和原因度，按从小到大的顺序对中心度进行排序，并依据原因度的正负指出各因素的属性，如表 3-2 所示。

公共空间适老化改造的中心度和原因度　　表 3-2

因素	中心度 M_i	中心度排名	原因度 N_i	因素属性
S_1	1.350	10	0.182	原因因素
S_2	2.041	3	0.514	原因因素
S_3	2.092	2	1.666	原因因素
S_4	2.575	1	−1.795	结果因素
S_5	1.569	8	−0.557	结果因素
S_6	1.870	5	0.155	原因因素
S_7	1.448	9	0.682	原因因素
S_8	1.841	6	0.121	原因因素
S_9	1.627	7	−0.180	结果因素
S_{10}	1.901	4	−0.786	结果因素

为了确定障碍因素之间的层级关系，首先，依据综合影响矩阵 T 中的数值计算得出所有元素的均值 α=0.092 和标准差 β=0.081，再将其代入公式（9）得到阈值 λ=0.173，而后利用公式（8）即可得到相应的可达矩

阵，如表 3-3 所示。最后，根据公式（10）和公式（11）的分层规则得到了 5 个因素层级，及 $L_2=\{S_1, S_5, S_{10}\}$，$L_3=\{S_6, S_8, S_9\}$，$L_4=\{S_2, S_7\}$，$L_5=\{S_3\}$。

公共空间适老化改造的可达矩阵　　表 3-3

c_{ij}	S_1	S_2	S_3	S_4	S_5	S_6	S_7	S_8	S_9	S_{10}
S_1	1	0	0	1	0	0	0	0	0	0
S_2	0	1	0	1	1	1	0	0	1	1
S_3	1	1	1	1	1	1	0	1	1	1
S_4	0	0	0	1	0	0	0	0	0	0
S_5	0	0	0	1	1	0	0	0	0	0
S_6	0	0	0	1	1	1	0	0	0	0
S_7	0	0	0	1	1	1	1	0	0	0
S_8	0	0	0	1	0	0	0	1	0	1
S_9	0	0	0	1	0	0	0	0	1	1
S_{10}	0	0	0	1	0	0	0	0	0	1

（2）障碍因素结构模型分析

①中心度和原因度指标分析

为了更直观地呈现各障碍因素在系统中的地位及作用大小，根据上文所求得的指标结果，以中心度为横坐标、原因度为纵坐标构建坐标系，详见图 3-4。

中心度越大意味着因素在系统中的重要程度越高。由图 3-4 可知，S_4 社会资本参与不足是其中最重要的障碍因素。一直以来，资金筹措都是社区适老化改造发展的重要瓶颈问题，尤其是在公共空间的改造中，居民家庭对此支付意愿更低，仅依靠政府出资保障难以完成大量既有社区所需的适老化改造建设和后期设施服务的运维工作。因此，社会资本的投资参与就显得尤为重要。

S_1 缺乏适老化改造标准和技术规范和 S_7 其他居民的利益难以协调位于图中的第二象限，虽然中心度较低，但它们具有正值的原因度，属于原因

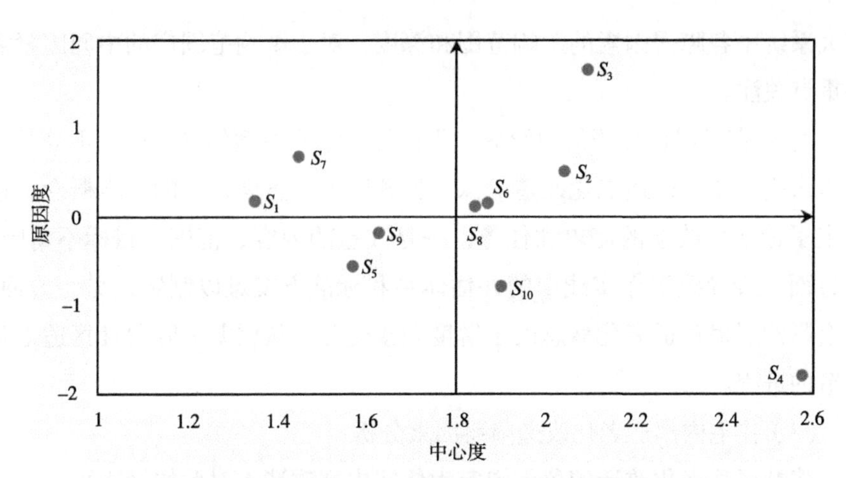

图 3-4　公共空间适老化改造障碍因素中心度 - 原因度分析（自绘）

因素，是系统中其他障碍因素出现的主要诱因，在解决社区适老化改造现存问题时不容忽视。

而值得重点关注的是，S_3 宜老居住环境的内涵界定不清、S_2 缺乏前期科学的评估体系、S_6 社区资源整合困难和 S_8 老年人家庭缺乏适老化改造意识都处于图中的第一象限，同时具备较高的中心度和大于 0 的原因度，这表示它们不仅自身对适老化改造造成了较大的负面影响，同时也是引发其他障碍因素出现的原因，属于系统中的关键因素，在未来的发展中必须优先解决这些节点因素。

②多级递阶结构模型分析

根据计算得到的障碍因素的可达矩阵和分层结果，同时参照直接影响矩阵 A 中的因素相互关系，可进一步得出社区适老化改造障碍因素的层级作用关系。根据计算结果，所有障碍因素在 ISM 模型中被划分为 5 个层级，各层级因素之间的影响关系复杂。

其中，处于顶层的 S_4 社会资本参与不足是直接障碍因素，其他所有的因素均通过不同路径作用于该因素，最终，阻碍了适老化改造的推广和发展。在找寻破局之法时，解决措施要直接或间接地将目标落脚点集中在提高社会资本参与的积极性上。

位于第 2 至 4 层级的因素属于中间过渡因素，发挥着中介传导作用，扩大系统中各障碍因素的影响范围和深度，对于影响范围广的中间因素需要重点关注。

而 S_3 宜老居住环境的内涵界定不清处于结构模型的最底层，不受其他因素影响，是社区适老化改造的深层根源因素。宜老社区的基本概念直接决定了适老化改造的需求和任务，一旦改造的内容、范围、目标不清晰，一方面，会导致工作实践中的评估体系和标准方案难以制定，另一方面，也会影响居民对适老化概念的了解度和接受度，从根源上阻碍社区适老化改造的进程。

（3）住宅内部适老化改造障碍因素分析

将社区适老化改造的范围限定为住宅内部改造，对此情境下可能遭遇的障碍因素进行更具体的分析，进一步筛选表 3-1 中所列的 12 个障碍因素，最终保留了 $S_1 \sim S_3$、$S_8 \sim S_{12}$ 共 8 个因素，剔除了有关社会资本投资和其他年龄层居民参与的障碍因素。

随后，以同样的方法计算分析住宅内部适老化改造障碍因素，可以得到障碍因素的中心度和原因度数值（表 3-4）、中心度 - 原因度象限图（图 3-5）、可达矩阵（表 3-5），同时，还计算得出了各因素的分层关系为：$L_1=\{S_{12}\}$，$L_2=\{S_{11}\}$，$L_3=\{S_1, S_{10}\}$，$L_4=\{S_8, S_9\}$，$L_5=\{S_2\}$，$L_6=\{S_3\}$。

住宅内部适老化改造的中心度和原因度　　表 3-4

因素	中心度 M_i	中心度排名	原因度 N_i	因素属性
S_1	1.990	8	0.176	原因因素
S_2	2.102	7	0.799	原因因素
S_3	2.393	3	1.997	原因因素
S_8	2.264	4	0.568	原因因素
S_9	2.247	6	0.0768	原因因素
S_{10}	2.248	5	−0.571	结果因素
S_{11}	2.524	2	−1.307	结果因素
S_{12}	2.528	1	−1.738	结果因素

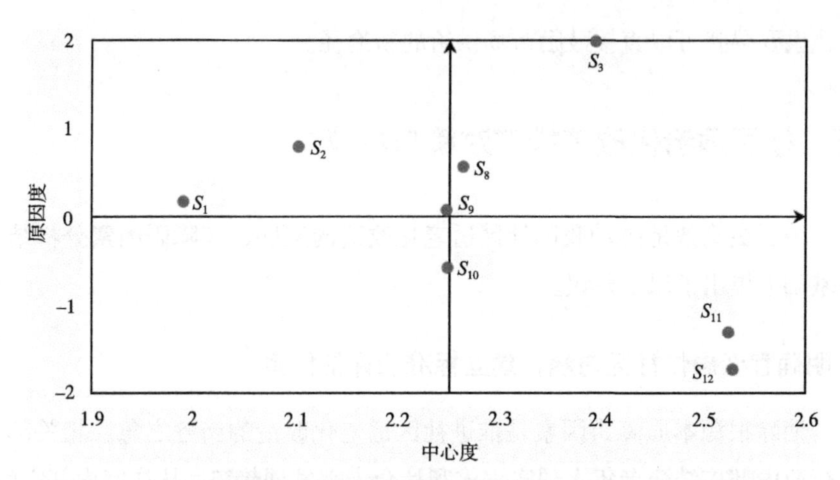

图 3-5　住宅内部适老化改造障碍因素中心度 - 原因度分析（自绘）

住宅内部适老化改造的可达矩阵　　表 3-5

c_{ij}	S_1	S_2	S_3	S_8	S_9	S_{10}	S_{11}	S_{12}
S_1	1	0	0	0	0	0	1	1
S_2	0	1	0	0	1	1	1	1
S_3	1	1	1	1	1	1	1	1
S_8	0	0	0	1	0	1	1	1
S_9	0	0	0	0	1	1	1	1
S_{10}	0	0	0	0	0	1	1	1
S_{11}	0	0	0	0	0	0	1	1
S_{12}	0	0	0	0	0	0	0	1

在住宅内部的适老化改造中，与社区公共空间改造类似，S_3 宜老居住环境的内涵界定不清和 S_8 老年人家庭缺乏适老化改造意识都位于第一象限，是需要重点解决的关键障碍因素。此外，S_{11} 项目利润率较低和 S_{12} 缺少专业的改造服务公司及老年辅具产品均处于递阶结构模型的高层级，属于阻碍住宅内部适老化改造的直接因素，结合图 3-5 来看，S_{11} 和 S_{12} 也拥有最高的中心度，说明多种原因共同导致了专业市场供给的不足，进而对适老化改造的实施造成了重要负面影响。除了要从根源因素着手解决问题

外，也要寻找可以直接鼓励市场供给的新途径。

三、社区适老化改造推广对策与建议

为了更高效地推动我国社区适老化改造的发展，在障碍因素分析结果的基础上提出了以下建议。

1. 明确宜老居住社区内涵，建立标准和评估体系

消除根源本质障碍因素是推进社区适老化改造的当务之急，相关部门及行业内部应结合老年人现实需求和社会未来发展趋势，从住宅内部空间、住区公共环境和社区养老服务设施等方面进行多层次、多维度进行界定，明确宜老居住社区的内涵，为适老化改造制定多级目标，指导改造的实施内容和范围，从而为后续工作的开展奠定基础。

此外，政府还应重点解决关键障碍因素，借助科研力量，借鉴试点经验，构建社区适老化改造的评估体系，使改造中的供给与需求相匹配、改造模式与社区资源与实际相契合；同时，尽早出台系统性的、统一的社区适老化改造标准和技术规范，囊括硬件设施和软件服务，冲破多头并进却无法形成合力的困境，这不仅能科学指导改造工作、完善市场规则，还有助于减少养老领域中常见的安全纠纷、理清权责关系，为老人和企业提供保障。

2. 普及社区适老化改造理念，契合老人家庭需求

老年人家庭的改造意识是关键因素之一，社会各界可以通过报纸、宣讲、新闻报道、网络自媒体等多种形式加强对社区适老化改造理念和政策的宣传普及，尤其可以设立样板间和示范社区，邀请老人亲身体验适老化改造的益处，激发他们的潜在需求和消费意愿。政府还应建立包含老人养老数据的信息系统和社区适老化改造的弹性清单，依据社区老年人口信息和老人的主观需求，给予充分的自由选择空间，支持按需、按实际经济承受能力选择改造项目内容，从而，提高老人家庭对改造的接受度和参与度。

3. 充分整合社区资源，吸引社会资本

协调好居民利益是充分整合社区资源的前提之一，在意识层面要在全社会树立宜老居住环境理念，推动全体居民参与社区适老化改造；在实践层面要处理好居民的利益关系，对非老年居民的利益损失部分进行资金、面积及使用优惠等方面合理补偿，对人人受益的改造采用如制定合理可行的出资份额，对公共空间及其他社区资源的利用要积极协调全体居民意见。如此才能充分整合社区资源，利用闲置土地、特许经营权及微改造增值收益等置换社会资本，从而，解决社区适老化改造中最重要的资金筹措问题。

4. 提高项目利润，激发企业积极性

针对在住宅内部适老化改造中重要程度高的障碍因素——项目利润低、缺少专业有效供给，要积极拓展改造模式，通过扩大项目规模增加企业利润，激发改造企业积极性，进而也鼓励更多企业进入适老化改造市场，在竞争中提升自身专业度。

首先，在条件允许的情况下，社区适老化改造可以有意识地兼顾家庭住宅内部、公共设施环境和养老服务体系，建成一个全面完整的宜老居住社区，这不仅能提高项目利润，也是最能便利老人生活的模式；其次，对于局部改造的项目，社区之间可以进行合作，打包交给同一家企业，如此便能通过规模效应提高项目利润；另外，社区适老化改造与老旧小区改造之间存在着千丝万缕的联系，如果能将二者融合，依托老旧小区改造的政策规划，增配养老软硬件设施，使服务企业同时承担适老化改造和老旧小区改造的任务，也不失为激发企业积极性的一种方法。

本章主要参考文献

[1] 陈早 . 基于环境行为学的既有社区适老性改造研究 [D]. 南京理工大学，2018.
[2] 丁天 . 超老龄社会背景下的既有住宅改造策略 [D]. 大连工业大学，2019.
[3] 孟夏蕾 . 既有居住区适老性满意度影响因素及提升策略研究 [D]. 沈阳建筑大学，

2020.
[4] 王博嫔 . 昆明市海口老工业住区住宅建筑适老化更新设计研究 [D]. 昆明理工大学，2020.
[5] 姚栋，徐蜀辰，李华 . 住宅适老化改造的目标与内容——国际经验与上海实践 [J]. 城市建筑，2017（14）：9-13.
[6] 张俭 . 长春市既有住区适老化改造与优化策略研究 [D]. 吉林建筑大学，2018.
[7] 周佳玥 . 基于既有旧住区的适老性更新策略研究 [D]. 厦门大学，2017.
[8] 张琪 . 济南市旧居住区公共活动空间适老化改造研究 [D]. 山东建筑大学，2016.
[9] 段奇敏 . 居家养老模式下的住宅空间改造研究 [D]. 大连工业大学，2018.
[10] 戴巍 . 经济落后地区旧住宅适老性改造研究 [D]. 长安大学，2015.
[11] 高磊 . 居家适老化改造：道阻且长，行则将至 [J]. 城乡建设，2020（18）：28-31.
[12] 何凌华，魏钢 . 既有社区室外环境适老化改造的问题与对策 [J]. 规划师，2015，31（11）：23-28.
[13] 刘桦，窦立军，李博 . 城市旧居住区适老改造的问题及其解决途径 [J]. 城市问题，2013（5）：41-45.
[14] 刘桦，李博 . 城市住宅适老改造需求的关键影响因素研究 [J]. 改革与战略，2012，28（3）：175-178.
[15] 刘剑 . 住区适老化改造的困境与规划管理对策 [J]. 规划师，2015，31（11）：18-22.
[16] 宋凤轩，康世宇 . 人口老龄化背景下老旧小区改造的困境与路径 [J]. 河北学刊，2020，40（5）：191-197.
[17] 王剑锋 . 居家养老模式下的城市住宅区适老改造研究 [D]. 南昌大学，2016.
[18] 王璐 . 旧住宅的适老性改造 [D]. 山东建筑大学，2010.
[19] 吴雪松 . 长沙市老旧社区居家养老现状调研与改造技术选用 [D]. 湖南大学，2018.
[20] 王雅慧，王建廷 . “社区老龄度”评价及社区适老化改造策略研究 [J]. 天津城建大学学报，2019，25（4）：233-238.
[21] 王依明，蔡泉源，李斌 . 上海市独居老人的住宅状况与改造策略 [J]. 住宅科技，2020，40（1）：43-47.
[22] 王紫熙 . 基于健康数据和典型社区调研的宜昌市既有住区适老化改造研究 [D]. 华南理工大学，2020.
[23] 姚瑶 . 居家养老模式下既有住区适老性更新研究 [D]. 天津大学，2016.
[24] 于一凡，陈金平 . 上海既有住宅区适老化改造意愿和需求分析 [J]. 上海城市规划，2014（5）：98-101.
[25] 邹存娟，李锐 . 新时代背景下居家环境适老化改造市场影响因素探究及建议 [J]. 城市住宅，2019，26（2）：40-43.
[26] 赵立志，丁飞，李晟凯 . 老龄化背景下北京市老旧小区适老化改造对策 [J]. 城市

发展研究，2017，24（7）：11-14.

[27] 钟青静 . 杭州上世纪 80 年代住宅适老化改造研究 [D]. 浙江大学，2014.

[28] 赵蔚，杨辰 . 城市老旧住区适老化改造的需求、实施困境与规划对策——内生动力与外力介入的协同治理探讨 [J]. 住宅科技，2020，40（12）：27-34.

智慧养老背景下社区适老化改造的内涵

第一节　老年人的诉求

一、老年人生理、心理特征描述

1. 生理特征

在生理方面，老年人的突出特征是身体的相对萎缩，主要表现在身高降低、弯腰驼背及手臂不能伸直等方面。据相关研究表明，一般老年人在 70 岁时身体高度会比年轻时降低 2.5% ~ 3.5%，其中，女性的身体萎缩甚至最高可达 6%。另一方面的变化则体现在感官上，视力上由于眼部肌肉松弛、感光细胞数量减少和瞳孔的通光能力下降导致视觉衰退、感度下降，在同一环境下，老年人需要更多的照明才能和年轻人感受到同样的亮度；老年人的色差辨别能力下降，由于眼球水晶体混浊变黄和内部散光，60 ~ 70 岁的老年人对颜色的分辨能力是年轻人的 76%，80 ~ 90 岁的老年人更是仅为年轻人的 56%；另外，对光线的适应能力也会变得较差。老年人的听觉也会随着年龄的增长而逐渐衰退，经常出现短时失聪，对声音的辨别能力下降，变得不敏感。另外，味觉、嗅觉和触觉方面也会变得比较迟缓。而老年人运动机能的衰退，主要表现在脚力不足，上下肢肌肉力量、背力、握力下降，呼吸机能减弱等。此外，老年人的平衡能力退化，一般仅为年轻人的 1/3，容易摔倒；身体敏捷性也会降低，对危险情况反应较为迟钝。

2. 心理特征

老年期是负性事件的多发阶段，伴随着生理功能的逐渐退化、各种疾病的出现、社会地位的改变、社会交往的减少，以及丧偶、子女离家、好友病故等负性事件的冲击，老年人经常产生消极情绪和反应。老年人的负面情绪主要体现在以下几方面：一是孤独感，退休后老年人待在家里，子女及亲友因工作忙碌无暇照顾，而且退休后老年人独处的时间增加，社会交往和外出活动的时间减少，容易产生孤独感，尤其是那些“空巢”老年人会产生较明显的孤独感。二是失落感，老年人待在家里的时间占多数，从离退休前的门庭若市到离退休后的门可罗雀，从离退休前的忙碌到离退休后的清静，工作环境、活动范围及人际交往的改变使得老年人的失落感会变得比较强烈。三是自卑感，老年人从工作岗位离职退休后，社会地位和角色改变了，从退休前作为对国家和社会做出贡献的劳动者，到退休后成为拿国家和社会退休金的“寄生”者，这种社会地位的改变使得老年人易产生“老而无用”的消极情绪，另外，身体机能下降、记忆力衰退、疾病缠身也易使老年人产生挫败感和自卑感。四是抑郁感，步入老年期后，身边老同事、老战友、配偶的生离死别会加重老年人的思想负担，离异、白发人送黑发人、子女不孝顺也会给老年人带来精神刺激，各种负性事件都会加重他们的抑郁感。当然，也有人认为老年人与青年人的情感活动并没有重大差别，也不是每个老年人都会产生这些负面情绪，是否产生负面情绪要考虑老年人的家庭生活环境以及年龄情况。

二、现状研究及因素分析

1. 研究现状分析

通过文献梳理发现，当前众多学者对社区居家养老、智慧养老及智慧居家养老都有自己的不同见解，学者们的研究都为本章的研究提供思路借鉴。从国内外学者对智慧居家养老相关研究中可以总结出以下特点：其一，我国智慧居家养老同外国总体发展相比，起步时间较晚、发展水平也仍处于初级阶段。但是，国内外的这些研究对促进智慧居家养老的发展都起着积极的指导作用，也提供了丰富的经验和认识；其二，当前国内外学术界对智慧居家养老服务的研究中，从内容上看，尚未细分智慧居家养老服务内容、涉及人群、服务方式，许多服务具有模糊性；其三，从研究角度上看，多数研究都是站在供给的视角，较少站在老年人视角进行深入研究，视角较单一。较少学者会对需求进行深入、仔细的研究。从研究的深度来看，多数研究都是对前人研究的概括总结，从老年群体的需求根本出发的研究较少，研究水平较浅。可见智慧居家养老服务发展尚未成熟，仍然需要更多完善之处。这些研究的不足之处也为本章提供思路，意识到智慧居家养老服务中精准识别老年人需求的重要性。

2. 老年人居家养老需求现状及智慧居家养老服务发展现状

我国老年人在早年间的居家养老需求只是满足其自身的基本生活保障，如衣食住行、医疗保健等最基本的需求。然而，伴随社会和城市经济的快速发展，以及国家养老服务战略和政策的规划，养老模式在不断地创新。随着时代的发展以及自身阅历的提升，老年人对待养老模式的观念和选择也会改变，多种条件的改变使得老年人整体的居家养老需求也在发生转变，他们期待更高质量的晚年生活，不再只是基本的吃饱穿暖的需求，而是更期望吃得好且健康，穿得好且质量款式时尚。同时，在医疗保健方面他们有了更高的需求，舍得为自己投入更多的金钱用于医疗保健服务，以期获得更好的身体条件，从而更好地去享受晚年养老生活。希望在物质及医疗方面得到满足，同时老年人更注重精神慰藉方面的需求，他们更希望老年生活能够过得有质量，并且更加充实、更有价值。老年人的这种需求转变也正符合了马斯洛需求理论，老年人的养老诉求从最基本的需求逐渐变高，面对这种转变，养老方式也应顺应时代的发展，应大力在我国推广宣传智慧居家养老服务这种全新的养老模式，让老年人深入了解这种养老模式，满足他们的养老需求。

为满足以上需求，政府和相关部门做出了大量努力。以黑龙江省哈尔滨市为例，为了更好地满足哈尔滨市老年人的居家养老需求，近年来哈尔滨市在智慧居家养老服务发展的进程中设立了“大管家”平台为老年人提供相应的养老服务，尽可能满足老年人的各项需求。南岗区早在 2012 年就已经构建出名为“大管家”的居家养老服务系统，并于两年后正式运行，该系统将该地区的社会服务资源进行综合归纳，进而为老年群体供应是否需要花钱购买的相关服务。据相关报告显示，现在哈尔滨市这一服务系统已经拥有数万名用户，而且，政府也在积极为年岁较高或是行动不便的老年人供应免费的养老服务，这一服务系统包含了服务资源体系和信息管控体系等，尤其是服务终端更包含了所有老年人需要的服务，譬如定位和医疗等。在“大管家”服务平台服务时，会有在后台监控记录的工作人员随时进行观察，以保障老年人的养老服务质量及安全。自哈尔滨市实施“大管家”服务平台至今，获得的好评连连，为老年人的生活提供了便利，同时也让他们体会到新型养老模式为他们老年生活带来的改变。

此外，哈尔滨市在 2017 年就已经正式创建 12349 热线，该热线是以达到供应老年人咨询、跟踪等一站式服务为目的，更好地施行信息化和智能化居家养老服务，该热线将互联网和养老服务相结合，把全市的各种各样的信息数据进行综合，将老年群体服务的内在要求和社会服务的供应相关联，进而实现在社区就可以向居家的老人供应托养、就餐等服务的目标。还可对老年人进行实时定位，有效防止老年人走失。当老年人在家有需求时，可以在家拨打 12349 热线，传达给平台服务，需求信息通过应用器管理中心进行分类处理，传递给养老服务机构，随后，社区工作人员会上门服务以满足老年人的相关需求。

3. 老年人需求的影响因素分析

（1）经济因素

经济因素是影响老年人需求的最主要因素。经济发展对老年人消费的积极影响主要包括以下两个方面：一是随着经济的发展，老年人手中的金钱也会增多；二是经济的发展使得更多的老人将享受到退休金和养老保险金的待遇。然而，经济发展也会对老年人消费产生消极影响，主要表现在物价的不断上涨。此外，老年人的收入水平是影响其消费的重要因素，在我国，老年人的收入来源主要有退休金、自己劳动的收入、子女或其他亲属提供的经济帮助、社会保险、个人存款的利息、房屋等财产出租收入、政府的救济和补贴。据对杭州市区户籍老年人经济状况调查结果表明，老年人收入稳定、生活有保障，但也只是基本达到衣食无忧的水平，在应对疾病和生活自理能力丧失等老年期可能发生的生活问题方面，其经济能力尤显不足，收入水平过低将导致老年人在支持养老服务费用方面显得力不从心。养老机构的收费情况是居民考虑较多的问题之一，对有意愿入住养老机构的老年群体进行的调查结果表明，在养老机构收费、地理环境、服务与设施等项目中，老年群体首先会考虑收费因素，如图 4-1 所示。

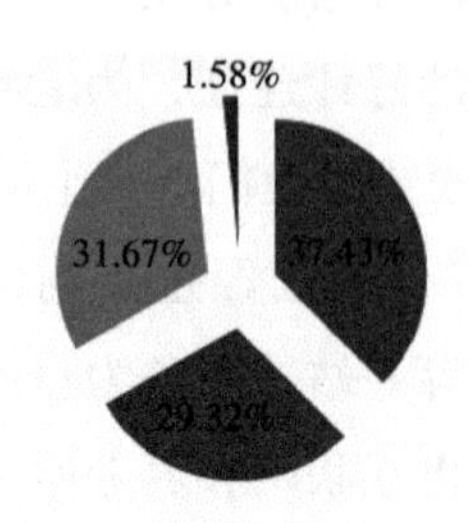

图 4-1　入住养老机构主要考虑因素（自绘）

（2）社会因素

首先，是养老保险制度普及的影响。随着经济的发展和我国养老保险制度的逐步完善，领取养老保险金的老年人数也在不断增加，养老保险在保障老年人退休后的基本生活方面发挥着重要作用。据国家统计局公布的数据，城市老年人享有退休金（养老金）的比例由 2000 年 69.1%上升到 2020 年的 92.0%，大城市人均养老金年均增长率超过 7%，不仅绝大多数城市老年人的基本生活得到切实保障，而且有了明显改善，赚足钱袋子对于“银发经济”的拉动打下坚实基础。

其次，是“社区 + 居家”养老服务体系建设的影响。“社区 + 居家”养老服务是针对在家养老的老年人群而言，作为国家养老战略的重要方向，“社区 + 居家”养老服务体系建设的宗旨是为在家养老的老年人群提供家政、洗洁、护理康复、精神慰藉、法律服务及紧急援助等上门服务。根据老年人的经济收入情况，采用政府购买服务和个人购买服务相结合的方式来为老年人群服务。“社区 + 居家”养老服务体系的健全和完善将减少去专门养老机构的养老人群，但对于追求高质量服务的高收入老年人群来说，影响相对较小。

最后，是医疗保障的影响。医疗保障制度的健全和完善，将部分解决老年人高昂的医疗开支问题，由于老龄人身体机能衰弱和慢性疾病的集中暴发，医疗费用一直占老年人群消费支出的很大比例。当前，我国政府积极探索建立城市社会医疗救助制度，通过财政拨款、彩票公益金和社会捐助等多种渠道筹集医疗救助基金，对家庭困难的老人就医给予补助。其中，老年医疗保障体系由基本医疗保险、退休职工大病医疗保险、互助医疗基金、老年人口社会医疗救助和老人医疗专项基金等五个层次组成。多层次老年人口医疗保障体系的建立，对解决我国“老有所医”问题起到了积极的推动作用。我国城市老年人医疗保障体系的建立与完善，有利于减轻城市老年人的负担，可以帮助大多数城市中的老年人尤其是离退休职工解决后顾之忧，为城市老年人消费的发展扫除障碍。

（3）家庭因素

随着社会经济的发展，生育率和死亡率大幅度下降，人口老龄化加剧，城市化进程的加快以及城市中独生子女政策的普及，家庭结构发生了急剧变化。在很大程度上，家庭结构的变迁影响着人们对养老保障和居住方式的选择。此外，城市家庭结构也出现了核心化的趋势且核心家庭的人均成员数不断减少，家庭核心化使老人赡养功能越来越弱，而现代社会竞争日益激烈、生存与发展日益艰辛使背负沉重生活压力的子女们缺少时间和精力去陪伴父母。另一方面，“空巢”老年家庭增多，据有关部门对天津、杭州、无锡三个城市 60 岁以上老人抽样调查表明，10.9%的老人生活在单身家庭里，29.1%的老人生活在夫妇二人家庭里，生活在空巢家庭中的老人已占老人总数 40%以上。大量空巢家庭的出现使得越来越多的老年人得不到子女的照顾，他们更需要社会化的养老服务或者直接入住养老机构来解决生活的不便利、精神的空虚等问题，家庭组成的转变显著地影响了当代老年人的养老需求。

（4）文化道德因素

对养老模式与养老需求的研究和探索，绝不能脱离文化基础和时代背景而独立存在。大约一千年前，宋朝人陈元靓提出了“养儿防老、积谷防饥”的理念。时至今日，“养儿防老”的传统观念始终深深烙刻在人们的思想深处。“孝”是中国人特有的一种文化表现，长久地存在于中国的历史之中，是构建于血缘关系上的一种特殊的情感。在我国，将老人送入养老院等机构被认为是不孝的做法，大多数子女也不愿违背传统而将父母送入养老机构。国际社会和学术界主张居家养老，因为家庭始终是人们互相交往、终生依赖的基本形式，也是思想感情交流最充分的场所。社会老年学家戴维·L·德克尔在《老年社会学》论述“老年与家庭”中强调“没有一个领域跟我们命运的关系比我们与家庭关系更密切，我们可以退休，却不能退离家庭”。我国的传统观念将对养老机构的需求形成负面影响，但是，随着家庭结构趋于小型化和核心化，人们生存压力增大，以及子女外地工作的概率增加，“空巢”老年家庭的数量也在增多，越来越多的老年人在家里得不到好的照顾。另外，随着人们自身文化素养的提高和观念的开放，人们也正在逐渐接受入住养老机构的观念，对养老机构的接受程度也在不断提高。

第二节　适老化改造的要点

一、老年住宅设计要求

除了智慧养老技术的应用，老年住宅的设计与改造在社区适老化改造的进程中也占有极重要的分量，设计改造老年住宅要从老年人的居住生活行为特征出发，在理解老年人的身体机能、心理特征、行为及生活方式的基础上，确定合理的设计方针。在进行老年住宅设计时要着重关注以下几个方面的内容：

1. 无障碍性

要充分考虑老年人使用轮椅的方便，消除室内地面所有高差，在室外空间环境变化的边界如门厅、走道等有高差的地方不得设置门槛而应设计成坡道。为使老人能自由地在住宅内行动，房间墙壁、厕所和浴室等处设置协助老人用力的扶手。家具、器具和设备要配置在便于老人使用的位置，老人简单操作就能正常使用。老年住宅宜采用医用电梯，方便对老年人群的救护，并为护理人员或者家人留有护理的空间，特别是浴室和厕所空间，一定要注意放大尺寸，保证老人活动和协助老人所需要的空间。

2. 安全性

对于住宅内外部的不安全因素要特别注意。地面材料要选用防滑特性的材料，浴室、厕所等处要设置扶手装置，家具、卫生器具的尺寸要符合老年人的身体尺寸，门窗最好设置成推拉式。住宅内外部的不安全因素及安全出口要用鲜明的色彩和照明，以提醒老年人注意。在卧室、浴室、厕所及客厅等处设置方便老人碰到的警报装置，使得发生紧急情况时，老年人能够迅速得到帮助。

3. 健康性

考虑到老年长期在室内活动，就要特别考虑住宅的采光、通风设计，尽量消除封闭空间，确保室内阳光充足、通风。室内设计要选用方便清洁的装饰材质，保持老年人居室、厕所、浴室及厨房易于清扫。

4. 隐私性

老年人普遍害怕孤单。除不断创造机会加强社会交往之外，还应充分注意老年人生活的隐私。当老年人和子女同住时，既要创造一个未被疏远的感觉，同时，又要充分注意老年人生活的隐私。目前，大力发展的二代居的模式就是既保留了老年人的独立居住部分，同时，又兼顾年轻一代对老人的关怀和照顾。这类住宅中不仅保留了一些家庭共用的部分，也还有老人独立使用的部分。从而，保证了即使老年人到了年老高寿时，也保留一个自己的空间，并适当保留更方便家人提供照顾的地方。另外一种共居的形式是邻居型，即通过一个共同的门分为两个相对独立的套型，这种住宅在保证老年人和子女沟通交流的同时更加保护了双方的隐私。

5. 便于改造

老年人从自理自力期到照顾关怀期，约有一二十年的时间，老人生理状态将由健壮到衰老，住宅的设计应当考虑到老人的需求，设置便于拆装的灵活性设计，便于增添设备、设施等改造工程，及时为老人提供协助，延缓老人住宅的适用期限。

二、老年住区改造原则

1. 选址原则

老年住区选址问题决定了对哪些社区进行适老化改造，同样不容忽视。老年住区的《老年人居住建筑设计标准》中建议：中小型（150 人以下）老年人居住建筑基地选址宜与居住区配套设置，位于交通方便、基础设施完善、临近医疗设施的地段。大型、特大型老年人居住建筑可独立建设并配套相应设施。另外，2021 年杭州市政协的网上调研结果显示：在被问到养老机构建在何处比较合适时，有 36% 的人选择应建在市区，其他 53% 的人选择建在郊区，11% 选择都可以。在目前市区土地紧张且土地成本较高的情况下，在市区建设大型和特大型养老机构已经不太现实。在广大居民认可养老机构建在郊区的情况下，可选择与市区较近的近郊建设大型养老机构；而中小型养老机构建设则比较灵活，可与居住区配套建设，选择建在市区是比较可行的。调研结果表明，对于居家养老的老年群体有 45.84% 的人选择愿意入住养老机构、老年公寓等专门老年住宅，另外，34.90% 和 19.25% 的老年群体选择不愿意和不清楚。而超过半数愿意入住专门老年住宅的老年人选择在郊区建设老年住宅，具体数据见图 4-2。

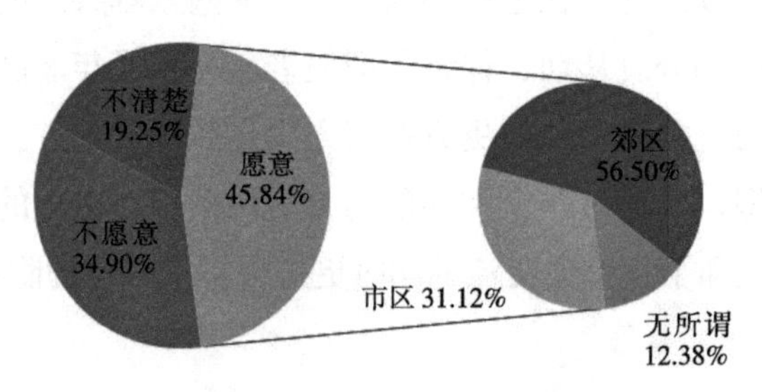

图 4-2　入住专门老年住宅意愿分布图（自绘）

2. 公共空间改造原则

（1）积极老龄化

以积极老龄化应对消极老龄化，是“老年友好型”公共空间规划需要遵循的总原则与指导思想。中国有句老话：“家有一老，如有一宝”。老年人是社会的宝贵资源，不应视为社会的负担。老年人有较多的闲暇时间，有丰富的工作、社会经验，生活技能水平和生活智慧较高，往往比其他年龄群体更加关注社区的发展，在许多方面仍可以继续发挥“余热”。在规划设计中，应倡导积极老龄化，通过多种措施消除“衰退”“退化”和“丧失”等消极的老年形象，要让老年人有更多参与社会、更多与不同年龄层交往的机会，并在交往中让老年人重新认识自己、转变自己，让老年人能够依据自身能力、自身需要和个人爱好，继续为社会发展做出自己的贡献，实现自我价值，获得相应的尊严，满足老年人的心理和社会性需要。因此，在规划和建设中，要坚持“积极老龄化”的指导思想，通过多种方式吸引老年人参与到社区多样化的活动中，让老年人在社区的发展中发挥自身的价值，这有助于促进社会的和谐发展。

（2）以人为本

以人为本主要体现在兼顾适老性与共享性两个方面。老年人是国家和社会的宝贵财富，理应得到全社会的尊重、关爱和帮助。在“老年友好”背景下，老年群体是社区公共空间规划与建设的核心关注点。公共空间的使用要符合老年人的需要，符合其出行活动规律，从适老、宜老、尊老的角度出发，提高社区环境的老年友好度，增加老年人对社区的安全感和归属感，使老年人有公平享受舒适、安全的居住环境的权利，从而保障老年人在身心方面的健康。既要增加适老性，也要强调共享性，因为公共空间的使用主体不仅是老年人这一单一群体，还要兼顾更多人群的使用，促进不同年龄层之间的良性互动、注重不同年龄层的跨“代”合作是增加老年人社会交往的一个重要方面。规划中应体现“适老但不唯老”、突出包容性的设计理念，这才能在真正意义上体现“以人为本”这一城市规划人文精神的回归。

（3）有机更新

当前我国已由增量扩张阶段向存量发展阶段转变，城市发展也逐渐向社区更新、小尺度渐进的方向转变。传统社区犹如生命体一样，具有“生长性”，随着时间流逝，在常年演变发展中逐渐形成了一定的秩序（可称之为“原生秩序”）。在这过程中，居民在较长时间的公共生活中逐渐形成“熟人社会”，居民对社区空间进行了一些适应其生活需要的改造。在对公共空间进行规划设计时，应尊重社区的原生秩序与机理，在维护社区原本人际脉络的基础上，优化和提升人们的公共空间体验度。老旧小区空间有限，又形成独特的机理，采用大拆大建的方式，会破坏社区的机理，只能在现有的基础上进行提升与优化，通过给社区动一个“小型手术”，让社区焕发新的活力。

（4）因地制宜

老旧小区存在很多共性问题，需要解决的问题和实现的目标都具有普遍性意义。然而，不同地区老旧小区改造的条件和群众诉求都不一样，受到已有空间状况的影响和制约程度不同，这些因素均影响着社区公共空间环境的规划与建设。在实际中，应坚持因地制宜的原则，依据实际小区现有地块地形条件、所形成的独特社区机理和脉络以及与周边社会资源的关联程度，在尊重当地居民多元化诉求的基础上，灵活采取规划与设计手法，实现老旧小区公共空间的优化与提升。

第三节　老年人的使用与支付意愿

一、老年人使用意愿

在社区适老化改造过程中，涉及智慧养老等大量信息化服务和产品的应用，这给不擅长使用信息化产品的老年人带来了极大的挑战。智慧养老当下还处于探索和发展阶段，消费者对智慧养老服务和产品的使用意愿尚不明确。UTAUT 模型对消费者使用意愿的解释程度较高，在预测技术使用意愿的研究中被广泛应用。结合马琪等对智慧养老技术采纳影响因素的研究，以 UTAUT 模型中的绩效期望、努力期望、社会影响作为解释变量，根据智慧养老的特点加入感知风险作为解释变量，使用意愿作为被解释变量，建立了影响老年人对智慧养老技术使用意愿的模型，如图 4-3 所示。

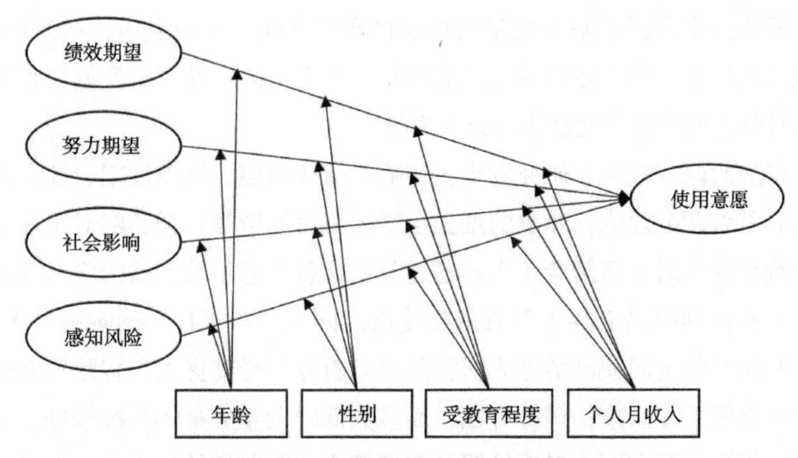

图 4-3　影响老年人对智慧养老技术使用意愿的模型（自绘）

1. 影响因素

Venkatesh 提出绩效期望（Performance Expectancy）是指使用该技术可以带来的预期收益。绩效期望可以看作是感知有用性，老年人多注重付出与回报，如果他们认为智慧养老服务对自己有用时，将更愿意接受智慧养老服务。努力期望（Effort Expectancy）是指消费者对新技术的感知易用程度，当老年人认为某种技术或服务使用起来是容易的，他们会更加愿意接受这个技术或服务，相反，当老年人认为学习智慧养老服务系统很难时，将会拒绝接受智慧养老服务。社会影响（Social Influence）是指别人的意见及行为会对自己的行为和意志产生影响。当消费者的家人赞同消费者使用智慧养老服务系统时或者周围有人在使用智慧养老服务系统时，消费者可能更愿意接受智慧养老服务。San-Martin 将感知风险（Perceptual Risk）定义为风险与利益会影响个人决策，当个体意识到风险因素时，会避免主体行为。感知风险可以看作影响消费者利益的不稳定因素。在使用智能服务时，消费者比较注重服务的安全性，智慧养老服务会采集用户的相关信息，因此，部分消费者会感到自己的隐私安全受到威胁，甚至拒绝使用智慧养老服务。

2. 调节效应

调节变量会影响解释变量与被解释变量之间关系的强弱，在UTAUT模型的基础上，结合智慧养老发展的特点加入年龄、性别、受教育程度及个人月收入四个分类变量作为调节变量。

年龄的调节效应，研究发现，年龄对绩效期望、努力期望、社会影响均具有显著调节效应，年龄的增长会增加努力期望和社会影响对于接受度的影响程度，对于高龄老年人，通过降低智慧养老相关产品的学习难度可以更大程度地提高老年人对其的接受度。同理，对于社会影响变量来说，家人和朋友的赞同使高龄老人对智慧养老服务接受度更大。智慧养老服务的供给更侧重于医疗护理等方面，而多数低龄老年人身体状况较好，需求更侧重娱乐学习方面，对医护服务需求较小。随着年龄的增长，老年人学习能力下降，对新技术的学习缺乏信心，影响老年人智慧养老服务使用意愿。随着年龄增长老年人面临的“数字鸿沟”困境愈发严重，对于新技术的了解更多来自于亲人、朋辈。而年龄对于感知风险的调节效应不显著，这可能是因为老年人对科技普遍存在畏惧感。

性别的调节效应，研究发现，绩效期望、社会影响和感知风险对于女性老年人智慧养老服务接受度影响更高，而努力期望对于男性老年人智慧养老服务接受度影响更高。与男性相比，女性更加注重服务的实用性而男性更加注重易用性，女性更容易受到朋友、亲人的影响，也更加注重隐私保护和安全性，这可能因为男性与女性的思维方式存在差异。

受教育程度的调节效应，研究发现，受教育程度对除努力期望之外的3个解释变量均产生显著的调节效应。由于学历较低的老年人缺乏对新技术的领悟能力，导致对智慧养老服务所能带来的绩效期望低于学历较高的老年人，对新技术的使用可能会感到无所适从，家人、朋友的鼓励格外重要，与此同时，学历较低的老年人对于风险的承受能力较低，会本能地规避风险。受教育程度对努力期望不具有调节效应，可能与“科技恐惧症”普遍存在于老年人之间有关，无论学历高低，他们对于新技术的畏惧都是在所难免的。

收入的调节效应，研究发现，个人月收入仅对绩效期望、努力期望调节效应显著。相较于高收入人群，收入较低的老年人多数抱有“有钱花在刀刃上”的想法并且更注重商品的实用性，同时，当他们认为学习使用智慧养老服务比较难时，可能会产生花钱享受智慧养老服务不值的想法。

3. 对策建议

依据以上分析，我国智慧养老服务的推广可以从识别消费者需求，提高智慧养老服务实用性；产品设计“适老化”，提升智慧养老服务易用性；加大智慧养老宣传力度；强化数据安全，降低使用风险四个方面提升绩效期望、努力期望、社会影响对智慧养老服务消费者使用意愿的正向影响，降低感知风险对老年人智慧养老服务使用意愿的负面影响。当然，既要提高对智慧养老服务需求，也要提升智慧养老服务质量。

识别消费者需求，提高智慧养老服务实用性。消费者在考虑接受智慧养老服务时，更看重的是智慧养老对自己是否有用。因此，智慧养老的产品与服务都要以满足消费者需求为目标，确保智慧养老服务提供的有效性。具体来说，平台界面设置应合理、能满足消费者心理及生理的基本需求。智慧养老服务研发主体不能仅关注技术创新，还要注重对老年人实际需求的把握。面对老年消费群体的差异，应重视对消费者的调研，既要了解老年消费群体的普遍需求，又要满足不同人群的特殊需求。不能将老年人视为同质化消费群体，老年人内部差异极大，不同的年龄、职业、收入、受教育程度、性别需求差异性大。智慧养老产品开发者需要对智慧养老产品进行市场细分，增强产品针对性，提升智慧养老服务实用性。智慧养老服务要做到以人为本，失能或半失能的高龄老年群体的核心需求是日常生活照料，除此之外，智慧养老服务还应当具有交流互动的功能以消解高龄失能老人社交活动缺失、社会角色丧失后的孤独感。对于低龄活力老年人来说，对日常生活照料的需求较小，更多是精神方面的需求，可以适当增加文化、娱乐及教育等多元化的养老服务。

产品设计适老化，提升智慧养老服务易用性。老年人身体老化、能力受损，在学习使用智慧养老技术有着诸多障碍，普遍面临“数字鸿沟”的困境，许多智慧养老产品存在着操作方式复杂、页面繁多等“适老化”不足的现象，这就导致老年群体难以使用各类产品及服务，因此，智慧养老产品的设计应以老年人为中心并且易于使用。研发主体不能一味地要求消费者适应产品的功能，老年人对智能技术的学习能力不应该被高估，只有对智慧养老服务的技术层面进行“适老化”改造才能从根本上解决老年群体学习能力不足的问题，从而，真正实现便捷高效的智慧养老服务。同时，老年人的学习以及接受新鲜事物的能力下降，有必要简化智慧养老的使用程序，简化工作可以从两个方面入手，其一，由社区或企业的专职人员负责智慧养老服务的接入与定期维护工作，转移老年人的技术使用行为；其二，简化智慧养老服务系统的操作。

发挥社会影响的积极作用。消费者的子女、孙辈以及同辈群体都会影响到老年人对智慧养老服务使用意愿接受度，因此，社会影响在智慧养老服务的推广与普及中是一个重要的突破口，要发挥子女对智慧养老服务普及的积极作用。在中国传统文化中，养老服务主要来源于子女，虽然，在独居老人、空巢老人日益增多的情况下，智慧养老弥补了照顾缺失等，但这并不代表着子女对老人的关怀就可以减少。老年人对科技产品的使用更多是向子女学习，因此，子女在老人是否接受智慧养老服务当中起到至关重要的作用。朋辈的行为会影响自身的决策，政府或企业可以将社区作为依托，构建智慧养老服务消费者社群，消费者可以与同龄人交流使用心得，在推广智慧养老服务时，一定要注重消费者的体验感和建议。因而，加大智慧养老的宣传力度刻不容缓，让消费者充分了解智慧养老所能提供的服务，尽可能让更多老年人接受智慧养老服务。从而，发挥社会影响在智慧养老服务推广中的积极作用，以点带面，以个体带动群体，扩大智慧养老服务的影响力。

强化数据安全，降低使用风险。风险感知主要分为两个方面：一方面，消费者在接受智慧养老服务前会存在一定的顾虑，如个人隐私泄露的风险、产品及服务质量不过关的风险，支付被骗风险等，另一方面，对智慧养老服务是否能很好满足自己需要会产生怀疑，这些风险因素都会影响消费者对智慧养老服务及产品的使用意愿。在智慧养老服务的开发和运行过程中，必须保证消费者信息安全及个人隐私。智慧养老服务在使用过程中需要采集用户个人信息，因此，要在产品开发及维护阶段做好数据安全的保护工作，以免出现用户个人信息泄露的情况。与此同时，要克服智慧养老服务平台更新不及时、服务功能虚设及服务质量低下的问题，提高智慧养老服务的质量，优化服务内容，完善智慧养老服务平台的响应机制，提升消费者对于智慧养老服务平台的信任。在智慧养老服务平台的建设及推广过程中，降低风险、提高智慧养老服务质量，从实际出发赢得消费者对智慧养老服务的信任，是推广智慧养老服务的关键。

二、老年人支付意愿

在我国老龄化和存量时代来临的大背景下，许多旧住宅区逐渐暴露出许多功能性问题，例如，卫生情况脏乱差，适老化程度低，公共空间缺乏等，而这些旧住宅区往往是老年人最为集中的住区。目前，我国最主要的养老模式仍然是居家养老，住宅适老化改造已经成为近年来社会颇为受到关注的重要课题之一。功能逐渐缺失的旧住宅区，无论从基础设施上或者管理服务上，都具备适老化改造的必要性和典型性。然而，在推动旧住宅区公共空间适老化改造的实际进程上，却仍然存在实践难度，其中很重要的就是资金问题。目前，旧住宅区体量大，进行适老化改造需要庞大的资金支撑，仅靠政府财政维系还远远不够。对于旧住宅而言，开发商市场参与的动力也不足，而居民作为旧住宅区的受益主体，若能为适老化改造提供一定的资本资助，将有利于拓宽旧住宅区公共空间适老化改造的资金来源渠道，有利于建立长效的旧住宅区公共空间适老化改造的机制。如何加强居民在适老化改造过程中的参与性，并建立多方筹集的资金制度是目前亟待解决的问题。基于这一背景，提出社区适老化改造的支付意愿，旨在掌握居民对旧住宅区公共空间适老化改造的意愿及其影响因素，以期为推进旧住宅区公共空间适老化改造的实施提供决策参考和有效理论依据。

1. 影响因素

通过梳理国内外研究支付意愿影响因素的变量选择和研究方法可以发现，目前，我国该领域的研究主要运用条件价值估值法来进行统计分析，此外，还有运用 logistic 进行回归分析。在指标选择上，影响支付意愿的因素变量可以分为四大类。

（1）人口统计和社会经济变量

其包括性别、年龄、职业、婚姻、家庭规模、受教育程度等，针对研究问题还可增加特定问题分析，例如，在本研究中可加入家中是否有老人等问题。

（2）内在变量

其包括认知和信息变量，以及心理感知变量。认知和信息变量包括受访者对问题的了解程度、认知和对问题解决办法的价值认同程度。在一定程度上对问题的认识和信息程度反映了受访者对问题的重视程度，如果重视程度越高，那么其支付意愿越强烈；心理感知变量是指受访者对问题的评价依赖程度，具体来说，可以是居民对旧住宅区公共空间的依赖程度。具体可分为感知有用性、感知易用性、责任意识、满意程度四个变量。

（3）外在变量

外在变量即道德规范变量，包括个人在从事或不从事这项行为时所产生的社会压力，以及所持有的观念。具体可分为政策法规和社会氛围两个变量。

（4）支付态度变量

支付态度变量指受访者是否愿意支付旧住宅区公共空间适老化改造的内容，以及如果愿意支付，能承受的最高价格。

根据国内外学者近年来的研究成果显示，虽然目前，学术领域中研究支付意愿影响因素的应用领域不一样，但是使用的方法和变量却是大同小异的。总体来说，研究支付意愿影响因素可以分为以下四个部分：首先，通过人口统计和社会经济变量来得到受访者的基本信息和背景，其次，从对待问题的认知和信息变量中得到受访者对待该问题的关心程度，之后，从道德规范变量来判断受访者是否有可能由于所处的环境、政府宣传等因素而影响决策和认知，最后，从支付意愿变量来得到受访者是否有意愿为提出的解决办法进行支付，并通过提问得到受访者愿意为之额外支付的最高金额。

2. 对策建议

从前述研究分析可得，居民对于旧住宅区公共空间适老化改造的支付意愿不仅和个体主观意愿有关，还受到社会、政治等外部因素的影响，并且，由于人口统计和社会经济变量的不同，其支付意愿也存在一定差异。考虑到居民的行为具有培育性，本研究主要基于外部因素对于内部因素的中介效应形成两条主要的干预路径，即基于社会氛围的干预路径和基于政策法规的干预路径。希望借助外部因素对内部因素起到塑造作用，对居民的支付意愿形成有效干预。

（1）基于社会氛围的干预路径

前述分析表明，社会氛围不仅对于支付意愿有直接的干预作用，还能间接影响满意程度和责任意识，从而，作用于居民的支付意愿。鉴于此，可以通过提升社会氛围影响居民的满意程度和责任意识，从而，干预支付意愿。

加强宣传教育，提升心理效应。对于政府和社会宣传部门而言，应就旧住宅区公共空间适老化改造的意义进行普遍的宣传和教育，使居民认识到旧住宅区公共空间适老化改造的迫切性与重要性。首先，应该让居民认识到目前旧住宅公共空间适老化程度低所带来的严重问题，例如，给老年人带来一定的安全隐患，不利于老年人活动范围的拓展，不满足老年人生活、休憩及娱乐的需要等。其次，应该使居民意识到公共空间对于老年人的重要性，公共空间是老年人除了室内以外最频繁访问的区域，承载着老年人晚年生活的多种需要，因此，若能有效对旧住宅区的公共空间进行更新和改造，将对丰富老年人晚年生活有重大的意义。再次，要让居民了解适老化改造不仅会使老年人受益，也对于与其共同生活的年轻居民有好处。对于家里有老年人的家庭，适老化改造公共空间对于他们而言能提升家庭幸福度；对于没有老年人的家庭而言，该改造能使社区变得更加和睦，同时也改善了社区居住环境。此外，应该让居民意识到，资金的到位程度和改造效果是息息相关的。居民是旧住宅区改造的直接相关者，如果居民能在自己能力范围内适当进行一定资本资助，那么改造将会达到更好的效果。为了形成良好的社会氛围，政府和相关社会宣传部门可以通过推广、教育旧住宅区公共空间适老化改造的相关信息，鼓励人们去承担一定的责任，倡导旧住宅区公共空间适老化改造，引导和培育积极的社会参照规范。并利用多样的媒介方式，线上宣传，例如网络、微信推广、电视、广告等，线下宣传，例如报纸、公告等手段，来传播旧住宅区公共空间适老化改造的重要意义，营造一种良好的社会氛围。最后，不同人口和社会经济特征的群体在对于旧住宅区公共空间适老化改造的支付意愿上存在差异，因此，可根据不同地区和特点的群体制定因地制宜地制定有差异化的推广宣传策略。

树立改造标杆，形成示范效应。此外，还可以通过在改造初期，选定当地几个旧住宅区进行公共空间适老化改造，以这些小区作为标杆和范本。考虑到人都有从众心理，若居民看到已有的旧住宅区在进行公共空间适老化改造后能达到良好的效果，居民的生活水平和幸福感能够有一定的提升，那么其他居民对于旧住宅区公共空间适老化改造的抵触心理也会相应减弱，并对这一行为有更加深入的印象和了解。因此，可通过建立标杆适老化改造旧住宅区的方法，建立示范效应，并通过体验参观的方式，给居民以直接的视觉和感觉的体验，来鼓励更多的居民为旧住宅区公共空间适老化改造进行支付。

提供菜单选择，建立长效机制。旧住宅区公共空间适老化改造在初期，应该充分调动居民的积极性和能动性，一方面，政府可采取将适老化改造内容以“菜单式”的方式来征集居民意愿，让居民自主选取哪些内容最愿意改造。此外，还可以鼓励居民成立建议小组，和适老化改造的执行者共同商议、共同实施和监督整个适老化改造的过程，提升适老化改造内容的透明性，以及提升居民对于资金去向的可控性。另一方面，还应该建立长效机制，对改造后的内容进行提升和管理，避免后期管理缺位，营造适老化程度较高的住宅小区。

（2）基于政策法规的干预路径

政策法规可以直接影响支付意愿，也可以通过间接影响责任意识来干预支付意愿。因此，可以通过加强政策法规的引导、督促以及激励作用来提升居民的责任意识，从而，达到提升居民旧住宅区公共空间适老化改造支付意愿的目标。

在制定政策法规层面，首先，从上位者的角色分工来说，应该重点强化政府的激励者和规则制定者的职能，并同时加强监督者的职能，建立较为完善的市场运行机制。目前，旧住宅区公共空间进行适老化改造的市场化体制尚未健全，容易产生不规范、准入门槛不高等现象。因此，政府需要规范市场环境，建立竞争机制，注重监督者的职责，给予优秀企业奖励，鼓励企业保证良好效果，同时前期降低改造成本，使居民能够习惯适老化改造后的旧住宅区，从而，提高其支付的积极性。

同时，从政府的适老化改造模式来说，由于，目前居民对于旧住宅区公共空间适老化改造的内容和效果仍处于不太明晰的状态，因此，可以考虑政府先资助小额资金对旧住宅区进行局部适老化改造，不承担较大财政压力，同时，给居民以改造效果的示范，从而，使居民能够对旧住宅区公共空间适老化改造有较为正向的认知和态度，从而，有利于提升居民后续的支付意愿。

此外，政府还可以考虑创新旧住宅区公共空间适老化改造的支付模式。从调研中可以发现，虽然有一部分居民不愿意以资本形式进行旧住宅区公共空间适老化改造的支付，但愿意以非货币化的形式进行资助，说明这部分人群对适老化改造是看好的、认同的。因此，有希望将其愿意非货币资助的意愿有效转换成资本支付的。例如，可以鼓励他们参与一些非营利的更新组织、高校组织等公益群体，为旧住宅区公共空间适老化改造进行专业化的方案支持和工程支持，在一定程度上，能降低改造成本，提高相对支付意愿。此外，政府还可以通过提倡和鼓励民间力量，搭建透明化的信息交流平台，为高校力量、民间公益力量的介入提供支持。

本章主要参考文献

[1] 蔡驎. 城市老年人收入的性别差异与性别差别——基于上海市区户籍老年人经济状况调查的分析 [J]. 北京师范大学学报（社会科学版），2007,（3）: 126-131.

[2] 陈天勇，李德明，李贵芸. 高学历老年人心理健康状况及其相关因素 [J]. 中国心理卫生杂志，2003，17（11）: 742-744.

[3] 陈友华，邵文君. 智慧养老：内涵、困境与建议 [J/OL]. 江淮论坛，2021（2）: 139-145，193.

[4] 郭竞成. 农村居家养老服务的需求强度与需求弹性——基于浙江农村老年人问卷调查的研究 [J]. 社会保障研究，2012（1）: 47-57.

[5] 何强，陈菲，钟新东，熊德伟，王映红，严云鹰. "养中有医"模式下老人对健康服务的支付意愿及影响因素 [J]. 中国老年学杂志，2021，41（12）: 2634-2637.

[6] 何迎朝，邢文华. 智慧居家养老技术采纳的影响因素及其使用效果研究：文献综述的视角 [J]. 信息资源管理学报，2020，10（2）: 68-79.

[7] 胡琦，郎颖，徐宁，张丽虹，马国栋. 银川市城区老年人医养结合支付意愿的影响因素研究 [J]. 卫生软科学，2019，33（5）: 88-91，97.

[8] 胡若痴. 中国老年住宅消费问题探析 [J]. 消费经济，2009，25（4）: 63-66.

[9] 黄晨熹. 老年数字鸿沟的现状、挑战及对策［J］. 人民论坛，2020（29）: 126-128.

[10] 季佳林，支梦佳，胡琳琳. 居家老年人照护服务支付意愿及影响因素研究 [J]. 实用老年医学，2021，35（1）: 99-102.

[11] 吉鹏，李放. 农村老年人市场化居家养老服务的需求意愿及其影响因素分析——基于江苏省的实证数据 [J]. 兰州学刊，2020（11）: 198-208.

[12] 贾玉娇，王丛. 需求导向下智慧居家养老服务体系的构建 [J]. 内蒙古社会科学，2020，41（5）: 166-172，213.

[13] 姜向群，郑研辉. 城市老年人的养老需求及其社会支持研究——基于辽宁省营口市的抽样调查 [J]. 社会科学战线，2014（5）: 186-192.

[14] 李洁，杨冬梅，张鑫，关湃. 针对老龄化社会的通用型老年住宅探索研究 [J]. 现代城市研究，2013（9）: 46-48，69.

[15] 李娟，岳宗朴，李慧，李琳，王晓丹，李伟国，刘彩. 健康领域的支付意愿研究综述 [J]. 科教文汇（中旬刊），2020（2）: 80-82.

[16] 李峻峰，吴桂莲，邢刚. 老年人居住建筑设计研究 [J]. 安徽农业科学，2009，37（11）: 5297-5299.

[17] 李伟. 城市建设莫忘关注老年人需求 [J]. 人民论坛，2017（19）: 62-63.

[18] 刘碧英. 老年人心理特点与心理保健 [J]. 中国临床心理学杂志，2005，13（3）:

373-374，372.

[19] 刘东卫，贾丽，王姗姗 . 居家养老模式下住宅适老化通用设计研究 [J]. 建筑学报，2015（6）：1-8.

[20] 刘燕辉 . 老年社会与老年住宅 [J]. 建筑学报，2000（8）：24-26.

[21] 罗盛，张锦，李伟，井淇，胡善菊，董毅，庄立辉，冀洪海 . 基于 TAM 理论的城市社区智能化养老服务项目需求因素分析 [J]. 中国卫生统计，2018，35（3）：372-374，379.

[22] 马琪，陈浩鑫 . 智慧养老技术接受与政策助推路径初探——基于 2005—2020 年国内外文献的系统性整合分析 [J]. 中国科技论坛，2021（4）：161-170.

[23] 任洁，王德文 . 智慧养老中的老问题、新形式与对策研究 [J]. 兰州学刊，2021（5）：197-208.

[24] 宋玮，张宇哲 . 加泰罗尼亚自治区老年住宅的设计理念与管理方式 [J]. 土木建筑与环境工程，2012，34（S1）：28-31.

[25] 孙静 . 数字鸿沟视域下老年人接触和使用智能媒体的现状、问题与对策研究——基于湖州市老年人智能媒体接触和使用的调查 [J]. 新闻爱好者，2021（4）：31-34.

[26] 曲绍旭，郑英龙 . 服务资源整合视角下城市居家养老服务供需平衡路径的优化 [J]. 河海大学学报（哲学社会科学版），2020，22（1）：74-81，107-108.

[27] 王方兵，吴瑞君，桂世勋 . 老龄化背景下国外老年人住房发展及经验对上海的启示 [J]. 兰州学刊，2014（11）：116-125.

[28] 王建云，钟仁耀 . 基于年龄分类的社区居家养老服务需求层次及供给优先序研究——以上海市 J 街道为例 [J]. 东北大学学报（社会科学版），2019，21（6）：607-615.

[29] 王少锐，尹春 . 城市空巢家庭老人需求分析与住宅设计 [J]. 中国老年学杂志，2017，37（20）：5209-5211.

[30] 王小乐 . 居家养老模式下老年住宅室内设施设计探究 [J]. 装饰，2014（2）：84-85.

[31] 王阳，田帆，范宁玥，潘杰 . 老年人对医养结合型医疗机构的认知、入住意愿及支付意愿——基于成都市的实证分析 [J]. 中国卫生政策研究，2017，10（8）：18-22.

[32] 徐隽倬，韩振燕，梁誉 . 支付意愿视角下老年人选择社会养老服务影响因素分析 [J]. 华东经济管理，2019，33（8）：167-173.

[33] 夏晓红，陈春，胡澜，龙美杏，魏雅鑫 . 中老年医养结合机构养老意愿及影响因素研究 [J]. 卫生软科学，2019，33（8）：71-75.

[34] 徐晓燕，王国宇 . 基于现实需求的居家养老“适宜性基本户型单元”设计研究 [J]. 建筑学报，2016（S2）：92-96.

[35] 宣炜．老年住宅室内设施通用设计浅析 [J]. 大舞台，2012（11）: 167-168.

[36] 杨莲秀，胡孔玉．基于内容分析法的我国智慧养老政策分析 [J]. 上海大学学报（社会科学版），2021，38（4）: 118-127.

[37] 杨晓冬，李慧莉，张家玉．供需匹配视角下城市社区居家养老模式的实施对策 [J]. 城市问题，2020，（9）: 43-50.

[38] 詹佳昌，孙涛．城市老年人对养老服务的影响实证研究——基于智能时代服务视角 [J]. 理论与现代化，2021（2）: 117-128.

[39] 左美云．智慧养老的含义与模式 [J]. 中国社会工作，2018（32）: 26-27.

[40] 周燕珉，王富青．"居家养老为主"模式下的老年住宅设计 [J]. 现代城市研究，2011，26（10）: 68-74.

[41] Ajzen I. The theory of planned behavior[J].Organization Behavior& Human Decision Processes，1991，50（2）: 179-211.

[42] Davis F D. Perceived usefulness，perceived ease of use，and user acceptance of information technology[J].MIS Quarterly，1989，13（3）: 319-340.

[43] Fishbein M，Ajzen I. Belief，Attitude，Intention and Behavior：An Introduction of Theory and Research[M]. New York：Addison-Wesley，Reading Mass，1975.

[44] Majumder S，Aghayi E，Noferesti M，et al. Smart homes for elderly healthcare -recent advances and research challenges[J]. Sensors 2017，17（ 11 ）: 1-32.

[45] N.K.Surya devara，S.C.Mukhopadhyay，R.Wang，R.K.Rayudu，Forecasting the behavior of an elderly using wireless sensors data in a smart home[J]. Engineering Applications of Artificial Intelligence，2013，26（10）: 2641-2652.

[46] Shiferaw Kirubel Biruk，Mengiste Shegaw Anagaw，et al. Healthcare providers' acceptance of telemedicine and preference of modalities during COVID-19 pandemics in a low-resource setting：An extended UTAUT model.[J]. PloS one，2021，16（4）: 1-15.

[47] Venkastesh V，Morris M G，Davis G B，et al. User acceptance of information technology：toward a unified view[J].MIS Quarterly，2003，27（3）: 425-478.

城市住区适老化改造的可行模式

老年住区适老化改造是对新建老年住区开发的补充，是指住区的主人步入老年以后，对原有住区与老年身体特征不相符的方面进行无障碍设计方面的改造使之适合老年人的身心特征。这种模式是针对居家养老的老年人所居住的住区而言的，住区经过一定的使用年限后，其硬件设施存在与养老诉求不相符的地方，老年住区适老化改造可避免人们在年老后不得不更换环境的无奈，使老年人在熟悉的环境中安度晚年。

第一节　老年住区公共空间改造模式分析

一、老年住区模式类型

本章提出的老年住区模式是在老年住区建筑形态的基础上进行定义和分类的。专家学者在文献综述的基础上，总结了老年住区建筑形态主要分为三种类型，分别是通用住区、专用住区和混合住区。其中，通用住区是适合居民全寿命周期居住的建筑；专用住区包含的建筑形态较多，包括以栋或庭院为单位的养老院、老人院及老年公寓等，也包括以套为单位的老年人住区；混合住区是指在同套或邻近、同幢住区中同时布局普通住区和老年住区，改造这样的住区时一般将其布局在普通商品住区中。

结合上述分析和对文献的梳理，本文将老年住区模式分为通用住区模式、养老机构住区模式、混合住区模式及独立老年住区模式四种。

1. 通用住区模式

通用住区模式是以幢或小区为单位建设通用住宅的模式。二十世纪初期，美国北卡罗来纳大学教授提出了通用设计理念，认为任何一种用品、设备或者空间环境的设计尽量以符合任何人皆可使用为原则，为尽可能多的人——小孩、青壮年、老年人或残疾人提供一个无障碍的环境。经过多年的发展，现在的通用性概念已经超越了无障碍设计的概念，力求创造各

种人公平生活的环境。

通用设计是针对每个人而言的，通用设计与专门设计有很大的区别。专门设计是针对某一类人而言的，如我们所说的无障碍设计就是针对老年人和残疾人而言的专门设计。而通用设计不是针对一个群体而言的，它对所有人都具有适用性，可以让所有人从中获益，能满足所有人的需要。

所谓通用住区，它包含全寿命周期的概念，住区在设计和建筑时，就把人一生各个阶段的需要考虑进去，但并不需要在一开始就把这些考虑全部建造完成，而是通过逐步实现的方式进行。这种住区能满足人从幼年、青壮年到老年一生各阶段的要求，设计阶段进行潜伏性设计为老年后的需求设置预留，如增加扶手、增加门或过道的宽度等。通用住区是通用设计理念在住区建设领域的应用，它为解决世界范围内的老年人居住环境提供了一种全新的模式和途径，即在住宅进行通用设计的基础上，公共空间环境和相应配套设计也进行通用设计，并为今后改造预留空间。

2. 养老机构住区模式

本书探讨的养老机构既有政府民政部门出资兴建的养老院、老人院、敬老院、老年福利院、护理院及托老所等住区（这部分也是传统意义上的养老机构），也包括社会慈善机构、民营资本建设的老年公寓。养老机构是专门为接待老年人安度晚年而设置的，设有起居室、文化娱乐、医疗保健等多项服务设施。政府民政部门建设的养老机构有福利性的也有收费性的，福利性的养老机构如杭州市第一社会福利院，收费性的养老机构如杭州市社会福利中心等。社会上也有部分民政部门出资建设的养老机构以老年公寓命名。传统意义上，社会福利院是民政部门在城镇设立的社会福利事业单位，其任务是收养城镇丧失劳动能力、无依无靠、无生活来源的孤老、孤儿和残障人士，被收养人员的一切生活费用由政府承担。敬老院是农村集中供养“五保老人”的场所，“五保老人”供养是国家举办的农村福利事业的组成部分。收养的“五保老人”生活费用以依靠集体供养为主，辅之以国家和社会必要的援助，他们的吃、穿、住、医、葬的费用，由政府财政提供保障。

老年公寓与传统意义上的养老机构是不同的。老年公寓是按老年人特点设计，按照市场原则经营的，配有专业化的生活服务系统或护理系统的租赁型老年人居住设施。老年公寓是一种特殊类型的住区，是住区的延伸和补充，由社会投资兴办并按企业化经营管理的老年专用住区，它能够给不同自理能力和收入状况的老人提供不同等级住房和不同档次的服务。老年公寓与敬老院、福利院不同，养老院是集体食宿的住院养老方式，而老年公寓则是独立住单元房的居家养老方式。老年公寓的单元房可以买卖和租用，而养老院的居室只能租用。养老机构以政府经营为主导，带有强烈的福利色彩，而老年公寓是以市场化经营，每一家养老公寓都有一个经营主体，进行商业化运作，属于社会养老的范畴。

目前，社会上出现的老年公寓以政府经营为主导的居多，带有强烈的社会福利色彩，大部分不具备成套独用的特点，从国际标准来看，并不符合老年公寓的定位要求。而民营资本兴办的老年公寓项目也不具备独立成套使用的特点，大多还是属于传统养老机构模式。

3. 混合住区模式

混合住区模式是指在普通住区中添加部分老年专用住区，其形式主要有三种，一是将住区中一栋或者几栋住宅建设成为老年公寓或者通用住宅；二是将同一单元中的一层或者几层、同一栋楼的一个单元建成专门老年住宅；三是建设“邻居型”住宅，同一层中两户住宅一户作为老年人住宅，一户作为其子女住宅。混合居住模式也可以酒店式老年公寓的形式存在，这栋住宅脱离任何小区，其内部配合比较完善的医疗、护理、餐厅及活动中心等场所，是一个独立的居住体系。

4. 独立老年住区模式

独立老年住区是以老年人为主要居住对象，符合老年人心理和生理特征，成片建设的老年住宅楼的集合体，配置有老年人辅助设施，并具备一定的城市功能或配套机能。独立老年住区在欧美等发达国家较多，可以为同龄老人创造丰富多样的交流环境，提供集中服务，同时提高了资源利用的效率。独立老年住区一般由一种或多种老年住宅构成，普通居家式老年住宅的独立性最强，适合健康程度良好的人群，公寓式老年公寓适合那些能部分自理又需要部分照顾的老年群体，合居式和护理式老年住宅的依赖性最强，这些住宅类型集中在一个由多种年龄段居民组成的住区中。随着老人年龄的增长和自理能力的下降，老人可在同一居住区中选择不同性质的老年住宅，不会因为搬迁而离开熟悉的环境。独立老年住区规模有大有小，大的“镇”为单位，如荷兰阿姆斯特丹的“老人乐园”；小的可以由几十位老人组成，比如我国城市中的许多规模较小的老年公寓。

与通用、混合老年住区相比相比，养老机构住区与独立老年住区同时满足了老年人生活的私密性和自由度要求，为老年人提供的硬件设备和软件服务也更为齐全，但这也意味着居住成本和生活成本的提高。目前，养老机构住区与独立老年住区市场上的高端产品过多，受众多为具有良好经济基础的老年人群体，大多数普通家庭难以承受昂贵的入住费用，即使是在经济发达的一线大城市中也有一些老年住宅的入住率低于正常水平，更遑论三、四线城市对于老年住宅项目的接受度。此外，与通用、混合老年住区的改造不同，养老机构住区与独立老年住区的后期运营至关重要，对规划设计与运营模式的契合度和专业融合要求更高，加上选址、周边配套设施、人员配备、资金、实践经验等方面的问题，导致了养老机构住区与独立老年住区的低入住率和后期规划目标的偏离，例如，北京某独立老年住区在运作后期中大部分居住者已是年轻人而非老年人。总体而言，我国的养老机构住区与独立老年住区只能满足少部分老年人的养老需求，不成功的空置项目不仅会导致企业亏损，还会造成土地、建筑资源的浪费，改造的必要性和迫切性比较低，因而，本章后续着重讨论通用、混合老年住区的改造。

二、“通混”住区模式改造优势分析

相比养老机构住区和独立老年住区，通用、混合（“通混”）住区更适宜作为改造目标，主要体现在以下几个方面。

1. 居住环境改变小，满足老人养老需求

我国大多数人都不喜欢在自己一生中频繁搬家，进入老年之后，人们更加希望能够住在环境熟悉、拥有许多亲朋好友的原住区内，而不是突然改变环境搬进养老院、老年公寓等专为老年人设置的居住环境中去。“通混”住区的全寿命周期设计，不仅适合年轻时居住，也适合年老时居住。此种住区改造模式较好的实现了“让老人自己照顾自己”的理念，让其自理生活，同时让老人觉得不会成为社会和家庭的负担。

2. “通混”居住特性

“通混”住区不是针对老年或者残疾人等特殊人群专门划出一定区域或楼层作为残疾人或老年住区，而是将所有居民分布在同一住区，让老年人与青壮年居民的生活整体合一，使人与人之间没有隔阂，使老年人能更好地融入社会。老人居住于“通混”住区内，可消除老人因担心自己年龄大、身体力衰而被隔离的担忧，从根本上消除了社会潜在的年龄歧视，真正做到了为老人考虑和服务。

3. “潜伏性”设计，可改造性强

“通混”住区很重视建筑的潜伏性设计，使得住区能够随着老人生理特征的改变而对居住环境进行改造。从而动态地适应人们生理和心理的变化。这种住区不需要从一开始就把这些考虑进去，而是逐步来实现这些功能，可以采用“潜伏性”设计的手段来达到要实现的目的。这种功能可使居住者在没有跨入老年期时，对住区的使用仍然保持年轻人和中年人的习惯。

4. 易回收资金

对于改造商来说，“通混”居住区的销售对象比独立老年住区的销售对象广，另外，由于老年公寓一般采用租赁或者出售使用权的方式回收资金，且目前的政策不支持老年公寓进行预售，养老机构住区和独立老年住

区投资回收期较长，而采用“通混”住区模式，开发商可以通过普通商品住区快速实现资金的回笼。

三、“通混”住区公共空间改造实例

社区是若干社会群体或社会组织聚集在某一个领域里所形成的一个生活上相互关联的大集体，是社会有机体最基本的内容，是宏观社会的缩影。它需要互动关系和共同文化来维系。社区成员既是社区最主要的组成部分，也是社区服务的主要对象。所以，无论是文化、娱乐、交流还是经济，都需要以人群为纽带，去创造社区的联动能力，实现地区活力。

依照罗素的观点，活力与其说是一种精神品质，倒不如说是一种生理特质。活力总能让我们联想到健康、愉悦、生机、爽朗等。活力能增加生活的喜悦，减少生活的痛苦，能帮助人类承担最大的烦恼和最大的忧郁，它意味着思维和形体都处于一种“活”的状态，这是一种指向生命原初的理想状态。社区作为人聚居生活的城市有机体，它的活力是指社区中社会活动和公共活动的频繁程度、丰富程度，对社区居民的吸引力，以及为社区居民所感知的丰富性和吸引力，是对社区中人的活动的正面的、良性的基本评价。社区活力主要体现在两个方面：一是人群的活力及居民的邻里交往方面，及通过社区活力的创造让同一社区的人群感受到和谐愉快，并具有认同感和归属感；二是社区的经济活力，即满足居民生活需求和交往需求的商业活动。

既然人群是社区的核心，那就应该从最根本的内容出发，去提升社区活力。因此，依据建筑触媒理论提出“圈”“链”和“点”的概念如图 5-1，以“圈”为核心依据，以“链”为功能方式，以“点”为具体措施，让住区成为一个具有居住、商业、创业、文化娱乐及教育等职能的综合空间。形成一个功能网络，促发了社区内人的多样化活动和多层次需求，不仅使当地就业、购物消费成为可能，也能缓解交通压力，减少环境污染。增加自身独立能力，同时，降低了对其他地域的依赖，使得社区主体间的交往及物质、信息、能量交流趋于频繁。有了“人气”，便有了活力。

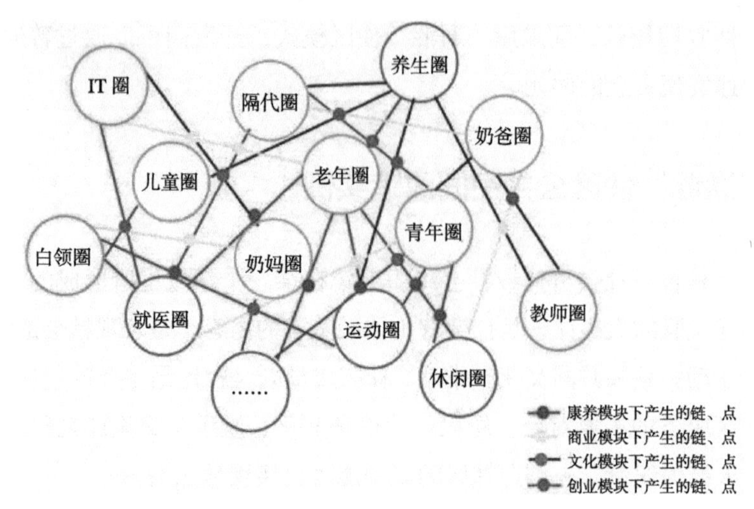

图 5-1　圈、链、点概念图（自绘）

1.“圈”的形成

在现代都市生活中，活动的多样化和人口的高移动性，同质化社区逐渐被混质化社区所替代。“圈”的概念，就是一类相同人群的聚集体。“圈”和“圈”之间不是孤立的，他们是可以有交集和融合的，一个人可以属于不同的“圈”，一个“圈”也可以包含其他“圈”内的人。形成社区中需求的多样化和居住行为的多样化，让同一个“圈”内的人可以找到同类人进行活动交流，找到归属感；也可以让不同的“圈”产生联系，相互了解。

（1）按年龄产生的“圈”

解决社区年龄断层、职住分离，首先应该考虑社区中的年龄组成，按照年龄阶段的不同以分别匹配对应的活力源。不同年龄段人们的工作、生活、喜好及娱乐方式等差距极大。所以，将社区中的人群划分为 10 岁以下的“儿童圈”、10～18 岁的“少年圈”、18～30 岁的“青年圈”、30～60 岁的“中年圈”以及 60 岁以上的“老年圈”。只有针对这些“圈”给予他们所需求的，才能最大调动其积极性。如对“少年圈”，规划社区图书馆、社区教室及击剑蹦床等娱乐场地等，以满足此年龄段人群的需求。相对的，如社区图书馆类的公共场所，又可以容纳其他各年龄段的人群，形成“圈”的融合。

此外，在社区中，存在着两类特殊人群——儿童与老人。很大程度上一个社区社会关系的亲密度取决于老人和儿童两个群体。老人也是社区活力的重要创造者之一，儿童则是拉动父母参与沟通活动的重要力量。事实上，老年人并不愿意与社会隔绝，而青年人也不反感与老年人共处。如何在社区中使这两种群体更加和谐，我们将在“链”的概念中详细阐述。

（2）按家庭角色产生的“圈”

家庭是构成社区的单位，而每个家庭中不同成员所扮演的角色都基本相同。如今，三代同堂已经成为常态，老人和孩子已经逐渐成为家庭中的主体。每当谈论到孩子，家长们总有着聊不完的话题，因此，“奶奶圈”“爷爷圈”的形成也成为一种必然趋势。老人们可以互相交流育儿经验，也可以相互倾诉各自的困扰。相同角色的人群总是可以更快的找到话题，更容易获得同理心。因此，在社区中，针对此类型的“圈”规划了社区课堂，社区讲座等活动，针对大家都感兴趣的问题和话题展开，让角色“圈”中的人们有地可去，有话可说。

（3）按职业产生的“圈”

各种职业的综合满足了社会完整的需求，才能保障社会的正常运行。社区便是社会的一个缩影。对原居民中不同职业的人群进行分类，让他们归属于一个个不同的“职业圈”。不同的职业有其不同的群体性格、活动方式及活动时间。只有清楚社区中成员的各种职业，才能根据他们所擅长的领域去规划地区的就业模式及创新创业形式。如该地区 IT 行业人员较多，但绝大多数人员的工作地点不在居住地，因此，造成了白天空城的现象。基于此便针对这类主要的职业人群设置了现代科技产业下的互联网产业，其工作不再依赖于固定地点便可以完成，为在此工作的高薪技术人群带来第二副业的机会。此外，也对已经退休的老人设置再就业的岗位等，以提升其社会尊严感。

（4）按医疗需求产生的“圈”

老人是组成“通混”社区人口的重要组成部分，也是本书关注的重点。针对老人，调查他们最需要的服务功能是重中之重。按其身体状况和医疗需求形成不同的“圈”，如养生、理疗圈以及需要全天陪护的特殊老人群体等。为此，针对这些需要在社区中布置康养中心，全方位满足老人们的需求，解决子女们所担心的服务老人的问题。该康养中心不局限于服务老人，也对社区内各种不同的“圈”内人提供服务。

2.“链”的形成

有了“圈”的概念，根据多种不同划分方式将全社区内的人们划进不同的“圈”。这些“圈子”是社区中被服务的对象，有了具体的“圈子”，就能有针对性的提供改良和改造措施。后文所有的规划和改造都是以“圈”为基础，为核心来进行的，而之前单纯划分的一个个“圈”，虽然，在人群上有所重叠，但在功能上他们是孤立的，是没有能动性的。正如同一座高楼，虽然地基必不可少，但实现功能的是它的地上部分。而“圈”就是我们设计理念中的“基础”，而“链”就是实现其总体功能的大楼主体。“链”的存在，将一个个“圈”串联起来，让相同“圈”中的人拥有更好的体验，让不同“圈”的人们相互了解，相互融合，联动社区，提供活力。综合上一小节中提出的各种“圈”，并结合“通混”住区亟须解决的问题，将“链”分为康养模块、创业再就业模块、文教模块以及商业模块，如图 5-2 所示。通过这四大模块，可以全方位覆盖“通混”住区居民的生活和工作的需求，并能让不同“圈”的人们产生联系，形成真正意义上的社区活力。因此，我们将之定义为“链”。

（1）康养模块

“通混”住区中，较多的老年人口数量决定了养老服务是该社区的一个重要问题。老人们也越来越重视自己的健康问题。因此，设置了社区的康养中心，为老人提供理疗服务，也是老人们可以进行太极拳、广场舞等运动的场所。也如之前所述，作为社区中占比均较高的群体，老人、青年两代如何更加和谐的相处是一个难点。虽然老人和青年是两种截然不同的群体，但不代表老人们只想和同龄人待在一起，他们也需要看到年轻有活力的面孔，他们也想让自己了解如今青年的世界，想要让自己变得有活力，不被时代所抛弃。所以，越来越多的老年人希望能够和年轻人相处，而青年也不排斥老人。因此，在我们规划的康养中心里，除专门为老人服务的

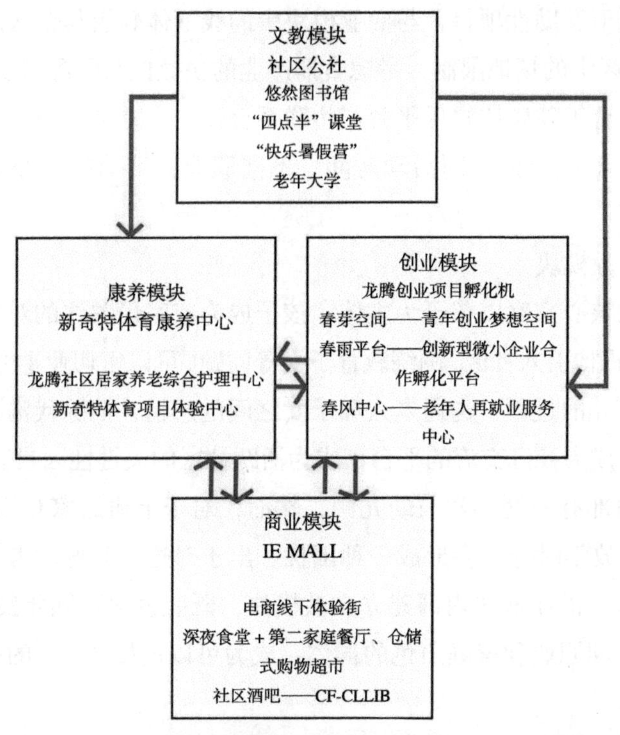

图 5-2 功能模块构想图（以回龙观社区为例）（自绘）

区域外，也留有适合年轻人休闲娱乐的空间，布置时下最热的体育项目。通过体育项目的引进，达到全龄社区和谐共生的主题。形成链接不同年龄段，调动全龄结构运动活力的“链”。

（2）创业再就业模块

增加就业岗位是提升地区活力最有效最直接的方式。龙腾社区中的居民大多工作地点都不在回天地区,早出晚归的工作使社区白天成为一座“空城”，晚上只是提供住宿的地方而已。没有了人的社区，何谈活力？因此，在社区的创业再就业模块中，布置新创业项目孵化机，带动整个地区的新兴产业的发展，并为在此工作的高新技术人群带来第二副业的机会。同时，考虑到社区内身体状态良好，并想再为社会贡献其晚年价值的老人们，为他们提供再就业的可能性，以提升其社会尊严感。配合回天地区周围的高校及科技园区，形成现代科技产业下的互联网产业；结合电商平台的发展，发展线上线下互助性项目，与商业模块中的线下体验店集合区产生联动机制；结合社区中的场地限制，考虑直播产业的快捷性与资源需求少等特点，与快手、抖音等新媒体娱乐平台产生联系合作，为社区中的待业青年找到工作机会。形成链接不同活动时间、不同职业，带动社区经济发展的经济“链”。

（3）文教模块

现在的核心家庭以孩子为主体，孩子成为家庭最关注的对象，将幼儿园、小学等机构引入社区，围绕教育子女等问题，可以密切业主之间的关系。通过共同育儿的过程，沟通老人和子女之间的感情，消除代沟，促进家庭和睦。孩子成为社区交流的平台，成为活跃社区的关键性因素。

基地内部有一处小学与幼儿园，然而，对于上班族家长而言，“午休时间”和“放学时分”会形成一种困扰。出于对这一问题的考虑，以及社区文化营造，需在地块内部建立文教模块，既能链接不同年龄段的人群，也能链接不同职业和家庭角色的群体。成为可以连接“圈”的种类最多的文教“链”。

（4）商业模块

消费的升级便能带动社区的经济活力。当在社区中完成创业再就业的模块后，在社区中直接工作的非流动人口会骤增，相应对于商业的需求也会提高。所以，商业和消费的考虑也是十分重要的。对于一个几万人的大型居住社区来说，仅有的几个商业区域不能满足社区业主的消费需求。考虑到目前电商下沉的大趋势，网店的线下体验店开始变得火热。消费者在渐渐回归到周末逛街购物的模式，实体店可以为消费者提供一个感受网店产品真实质量的平台，并且也可以为广大消费者提供一个退换货的便捷服务通道。在商业模块中，配置电商线下体验店大本营，让社区业主就近体验到最新最好的购物感受；对于独立居住的老年人，不开火的青年人，放学没饭吃的学生群体，以及半夜加班归来急需宵夜安慰的加班一族，规划社区大食堂及深夜食堂，让这些群体吃饱饭，吃好饭；针对那些不能自理的老年人，配置现代家政服务中心，既能为老年人提供服务，也能解决一部分人口的就业问题；针对白天劳累工作，晚上需要娱乐放松的人群，设置酒吧以及城市娱乐设施，提升该区域夜间的消费能力和活力。形成链接不同职业，延伸活力空间和时间的商业“链”。

3.“点”的形成

有了“圈”和“链”的概念,如何联动各种人群就有了详细的思路和办法，但这仍然不足以完全解决问题。正如一幢商业大楼有了基础和地上的主体，但它仍然不能为人们提供服务，它需要楼内各个部分形成具体的功能区域，进驻一个个具体的商家，让人们明确吃饭的地方在哪里，购物的地方在哪里。只有这样，这幢大楼才能发挥其真正的价值。因此，提出“点”的概念,即上述四大模块在链接不同“圈子”的时候,“链”的交叉所形成的“交点”。这一个个的“点”，便是分布于四大模块中的具体配置，后面章节会对此详细解释。

第二节　居家适老化改造的模式

一、居家适老化改造的目的和意义

现阶段，总结回顾我国老年人的居住状况可以发现，绝大部分的老年人居住在2000年以前的建造的房子中，此类社区因没有电梯、室内布局和结构设计不合理及基础设施陈旧等状况，不适宜老年人居住（周燕珉和秦岭，2016）。特别是家庭内部的结构设计的老年友好特性，对于老人、家庭还是社会都有积极的作用和重要的意义。

从老年人的角度出发，居家适老化改造最为突出的作用在于能够提升环境的安全性,并预防老人跌倒受伤等事故的发生。此外,大量的研究表明，居家适老化改造能够增强老年人的身体机能，并帮助老人克服日常生活中的困难，提升老年人生活自理能力，降低或者延缓因身体机能衰退而不得不接受长期照护服务的概率。最终，居家的适老化改造不仅能促进身体健康，也在提升老年人生活质量、幸福感和满意度的基础上，帮助老年人提高身体和心理的健康水平。

从长远来看，老人随着年龄的增长和身体机能的下降，其对于被照料的需求也在同步增加，而合理的家庭内部设计和适当的改造，能够在一定程度上辅助老年人完成一些日常生活所需的行为活动，同时，伴随着智慧养老科技产品与服务的推广和运用，最终，提高了照料者对于高龄老人和残疾老人照护的效率，降低老人的照料者，尤其是提供非正式照护的亲友的照护负担。在一项基于澳大利亚 175 位年龄超过 72 岁的老人的追踪研究中发现，居家的适老化改造将老年人的被照料时间从每周十五个小时降低到了每周八个半小时左右。此项研究发现为给长期照料老人的家属因照料产生的精神压力增加和健康水平的降低拓展了缓解和改善的渠道。

而对于整个社会来说，居家适老化改造有助于减少现有的居家照护支出、节约因跌倒等事故造成的医疗照护开支、促进社会福利资金的合理分配和高效利用。因此，在一定程度上居家适老化改造能够通过更加经济有效的方式取代传统的正式护理服务，或作为护理服务的一种补充，有助于节约社会福利和公共卫生开支，缓解我国因老龄人口的快速增长而造成的护理人员需求短缺的状况。

二、适老化改造的内容与项目

居家适老化改造的意义非凡，2020 年 7 月，为了推动适老化改造的进程，在《关于加快实施老年人居家适老化改造工程的指导意见》（民发〔2020〕86 号）中，对于适老化改造的项目和老年用品配置进行了详细的介绍和推荐，具体清单内容如下表所示。清单所列项目分为基础类和可选类，基础类项目是政府对特殊困难老年人家庭予以补助支持的改造项目和老年用品，是改造和配置的基本内容；可选类项目是根据老年人家庭意愿，供自主付费购买的适老化改造项目和老年用品。

老年人居家适老化改造项目和老年用品配置推荐清单　　表 5-1

序号	类别	项目名称	具体内容	项目类型
1	（1）地面改造	防滑处理	在卫生间、厨房及卧室等区域，铺设防滑砖或者防滑地胶，避免老年人滑倒，提高安全性	基础
2		高差处理	铺设水泥坡道或者加设橡胶等材质的可移动式坡道，保证路面平滑、无高差障碍，方便轮椅进出	基础
3		平整硬化	对地面进行平整硬化，方便轮椅通过，降低风险	可选
4		安装扶手	在高差变化处安装扶手，辅助老年人通过	可选
5	（2）门改造	门槛移除	移除门槛，保证老年人进门无障碍，方便轮椅进出	可选
6		平开门改为推拉门	方便开启，增加通行宽度和辅助操作空间	可选
7		房门拓宽	对卫生间、厨房等空间较窄的门洞进行拓宽，改善通过性，方便轮椅进出	可选
8		下压式门把手改造	可用单手手掌或者手指轻松操作，增加摩擦力和稳定性，方便老年人开门	可选
9		安装闪光振动门铃	供听力视力障碍老年人使用	可选
10	（3）卧室改造	配置护理床	帮助失能老年人完成起身、侧翻、上下床及吃饭等动作，辅助喂食、处理排泄物等	可选
11		安装床边护栏（抓杆）	辅助老年人起身、上下床，防止翻身滚下床，保证老年人睡眠和活动安全	基础
12		配置防压疮垫	避免长期乘坐轮椅或卧床的老年人发生严重压疮，包括防压疮坐垫、靠垫或床垫等	可选
13	（4）如厕洗浴设备改造	安装扶手	在如厕区或者洗浴区安装扶手，辅助老年人起身、站立、转身和坐下，包括一字形扶手、U 形扶手、L 形扶手、135° 扶手、T 形扶手或者助力扶手等	基础
14		蹲便器改坐便器	减轻蹲姿造成的腿部压力，避免老年人如厕时摔倒，方便乘轮椅老年人使用	可选
15		水龙头改造	采用拔杆式或感应水龙头，方便老年人开关水阀	可选
16		浴缸 / 淋浴房改造	拆除浴缸 / 淋浴房，更换浴帘、浴杆，增加淋浴空间，方便照护人员辅助老年人洗浴	可选
17		配置淋浴椅	辅助老年人洗澡用，避免老年人滑倒，提高安全性	基础

续表

序号	类别	项目名称	具体内容	项目类型
18	（5）厨房设备改造	台面改造	降低操作台、灶台、洗菜池高度或者在其下方留出容膝空间，方便乘轮椅或者体型矮小老年人操作	可选
19		加设中部柜	在吊柜下方设置开敞式中部柜、中部架，方便老年人取放物品	可选
20	（6）物理环境改造	安装自动感应灯具	安装感应便携灯，避免直射光源、强刺激性光源，人走灯灭，辅助老年人起夜使用	可选
21		电源插座及开关改造	视情况进行高 / 低位改造，避免老年人下蹲或弯腰，方便老年人插拔电源和使用开关	可选
22		安装防撞护角 / 防撞条、提示标识	在家具尖角或墙角安装防撞护角或者防撞条，避免老年人磕碰划伤，必要时粘贴防滑条、警示条等符合相关标准和老年人认知特点的提示标识	可选
23		适老家具配置	比如换鞋凳、适老椅、电动升降晾衣架等	可选
24	（7）老年用品配置	手杖	辅助老年人平稳站立和行走，包含三脚或四脚手杖、凳拐等	基础
25		轮椅 / 助行器	辅助家人、照护人员推行 / 帮助老年人站立行走，扩大老年人活动空间	可选
26		放大装置	运用光学 / 电子原理进行影像放大，方便老年人使用	可选
27		助听器	帮助老年人听清声音来源，增加与周围的交流，包括盒式助听器、耳内助听器、耳背助听器、骨导助听器等	可选
28		自助进食器具	辅助老年人进食，包括防洒碗（盘）、助食筷、弯柄勺（叉）、饮水杯（壶）等	可选
29		防走失装置	用于监测失智老年人或其他精神障碍老年人定位，避免老年人走失，包括防走失手环、防走失胸卡等	基础
30		安全监控装置	佩戴于人体或安装在居家环境中，用于监测老年人动作或者居室环境，发生险情时及时报警。包括红外探测器、紧急呼叫器、烟雾 / 煤气泄漏 / 溢水报警器等	可选

表 5-1 对不同的改造项目区分了基础类和可选类，总结来说，基础类的改造项目多为针对目前居住设施设备的补充和改动，目的为增加家庭居

住的安全性，如增铺防滑砖和防滑地胶、在现有的床增加护栏（抓杆）、在如厕区或者洗浴区安装扶手；而可选类的项目多为针对室内家具用品的更换，目的为增加家庭居住的方便性、舒适性和可持续居住性，帮助老人提高生活自理能力，如平开门改为推拉门、球形门把手改为下压式或U形把手、根据老人身体状况更换护理床及蹲便器改为坐便器等。

针对上表内的项目，在2021年8月湖北省民政厅发布了《湖北省居家适老化改造技术指南》（以下简称《指南》），对各个项目内的改造内容及改造方式进行了非常详细而全面的技术指导，并提供了项目执行和验收的评估标准，如在“如厕洗浴设备”栏目中的安装扶手项目实施过程中，可选择的扶手的种类非常多，包括一字形扶手、U形扶手、L形扶手、135° 扶手、T形扶手或者助力扶手等，技术指南则针对不同的室内场景提供相应的扶手选择：在坐便器及淋浴靠墙处优先考虑设置方便起身、坐下的L形扶手；坐便器旁如无靠墙面，则至少在一侧设置T形或U形扶手；而在卫生间出入口有高差处设置方便上下的纵向扶手，在卫生间内的通路上设置方便走动的横向扶手。且针对扶手的安装，技术指南中明确了扶手的安全抓杆应安装牢固，水平抓杆距地面高700mm，垂直抓杆高端距地应在1400mm以上，低端应在700mm左右，内侧距墙不应小于40mm，具体如图5-3所示：

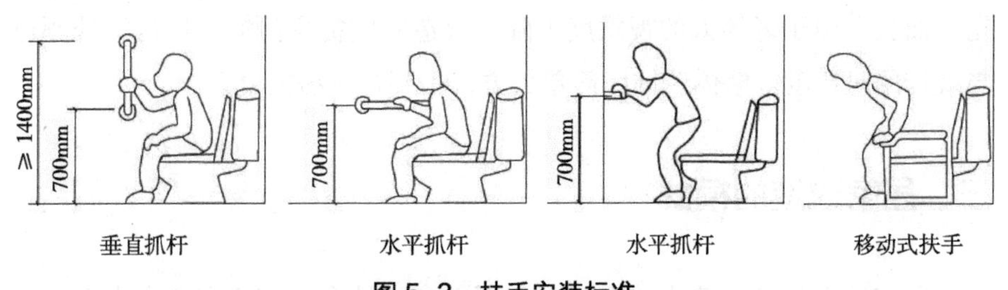

图5-3　扶手安装标准

（图片来源：《湖北省居家适老化改造技术指南（2021年版）》）

针对表5-1中地面改造项目中的高差处理，《指南》中讲述了高差处理的必要性，即高差影响室内通行的顺畅。对于行动能力和观察反应能力都在逐渐退化的老年人来说，高差是发生跌倒的重要隐患，且越小的高差越容易被老年人所忽视。因此，对卫生间、厨房及封闭的阳台等出入口位置的高差，改造中应优先采用地面找坡或压条找坡等方式将高差消除在卫生间、厨房或阳台区域。而当高差无法消除时，应在高差位置采取处理措施。当室内地面高差小于 3mm 时，应做抹角处理；当室内地面高差在 3 ~ 15mm 时，应做斜面过渡；当室内地面高差大于 15mm 时，应设置橡胶等材质的可移动坡道，并用显著的颜色标识提示。

从视觉方面的需求来看，老年人的视力系统会出现明显的功能减退，在白天和晚上都要有充足的光线。同时，还应保证照明柔和、均匀而全面，尽量采用显色性好的多光源，避免眩光，并采用感应装置以降低能耗。因此，在物理环境的改造中，考虑安装自动感应灯，入口玄关处宜安装入户感应灯，在老年人开门后，玄关灯与门联动点亮；当客厅灯具点亮时，玄关灯具应自动熄灭。入户感应灯应具有光感传感器，当光线充足时，灯具不应有响应动作。而在卧室、客餐厅及卫生间等主要空间和走道宜设置感应式脚灯，脚灯应具有感应与延时功能，感应式脚灯底离地宜 400mm，地面照度宜为 10 lx。对于电路改造不便的位置，可采用电池供电的脚灯，即贴即用。

此外，相关研究还建议将灯具更换为强度可调节式，或者设置额外备用光源，在老人需要阅读、缝纫等对光线要求高时，再单独开启备用光源。地面铺砖不宜采用条格状、立体状图案等，避免老年人眼晕及产生高度错觉。而且，由于老年人的视敏度下降，改造时应提高门框、拐角等处颜色与装饰的对比度。整体装饰应简单大方，不要过于纷繁复杂。

三、居家改造的模式

居家适老环境改造主体多元，包括政府、社会、家庭和老人自身，且老人在各个时期（自理期、半自理期、介护期和终末期）的改造需求不同，改造内容也是多层多样，从建筑硬件的改造、家具装饰改造、适老康复辅助器具配置和智能助老服务设备等方面均可入手实施改造。故而，下文将从微观的需求层面和宏观的改造主体参与方式及改造资金来源方面，分别阐述居家适老环境改造的方法和模式。

1. 基于微观需求和改造意愿差异化的居家改造模式

针对低龄活力、高龄自理、超高龄及介护介助、失能失智老人分类特点，根据老年人的年龄和健康状况，结合不同家庭环境状况、房屋存在的安全问题、建造装修年限、生活习惯、居住成员、支付能力和意愿，提供系统全面的居家适老环境改造模式，其中包括全屋适老精装、快速翻新局改、老年产品适配三大模式，能够彻底或部分消除安全隐患，预防老人跌倒，改善居住功能，延缓衰老过程，改善居住质量，提升老年人幸福指数。

（1）年龄较低且家庭支付意愿高：全屋适老精装

当老人年龄在 75 岁以下、家庭经济能力和支付意愿都比较高且 3 ~ 6 个月可以异地居住时，可对老旧的房屋进行适老化装修，全面改造功能布局和生活轨迹，预设安全保护措施，提升起居、就寝、用餐、下厨、卫浴、玄关及阳台七大功能空间居住适老性。

（2）年龄较高但家庭支付意愿低：快速翻新局改

若老人年事较高、家庭支付意愿一般且老人无法离开所在住所，可以考虑在短期内对局部居住环境进行适老化翻新、改造和整理。如卫浴改造、厨房改造、水电改造、墙地翻新、设施更新及旧物处理等。改造工作在两至四周完成，期间老人应异地居住以确保安全。

（3）超高龄老人：老年产品适配

随着年龄的增长，老年人的自我照护能力减弱，需要在他人的协助下进行日常生活，即介助（护）老人。介护老人的自理能力降低，急需功能的补偿或者代偿，但老人却无法离家，在此时则可以考虑适老产品的配置来解决实际问题，可以适配的老年产品包括（不限于）适老家具、康复辅具、安全扶手及智能产品等，产品在短期内快速组装安装完成，力求安全、环保、方便、快捷。如表中提到的护理床、防压疮垫、自助进食器具、安全监控装置及智能家居系统等，既实现居家照护，同时，也能考虑老人在室内进行治疗和康复的需求，借助互联网和网络医生的功能，及时有效地将老人的健康信息反馈给医生，第一时间获得相关指导。

此外，高龄老人的听觉、视觉、嗅觉与运动功能等均发生了一定程度的功能性衰退，对于危险的感知与反应能力大幅下降，因此，应为老人设置声、光及振动等多种方式并存的报警与提醒系统，使得老人能够尽快发现自己所处的危险境况并通知给家人和护理人员。

2. 宏观层面的模式

目前来说，适老化改造的主体包括政府、社会、家庭和老人，前文中提及的九部委联合印发的文件中指出，各地政府应对改造困难的老人提供补助，因此，目前各地民政部门的相关措施均以补贴为主要方式。例如，天津市对特殊困难老年人家庭适老化改造的基础类项目予以补助；2020 年，市财政按照户均 3500 元标准，给予各区适老化改造转移支付补助，统筹用于地面、卧室及如厕洗浴设备等基础类改造项目；而北京市则早在 2016 年开展为经济困难老年人家庭进行适老化改造工作，首批试点 5000 户，且改造标准每户不超过 5000 元。

适老化改造最重要的问题之一是资金的来源和充足性，由于适老化改造理念的提出较晚，很多老年人并未充分意识到改造的意义与价值，对于居家适老化改造的意愿并不高，不利于适老化改造工程的推广。且适老化改造的支付意愿受到许多因素的影响，吴翔华等（2017）通过对南京市的老年群体的调研分析发现，80 岁以上的老年人对住房适老化改造的意愿相对最弱，而 61 ~ 80 岁的老年人群住房适老化改造的意愿最为强烈；且居住在 1990 年及以前建造的住房的老人改造意愿较高，不与子女同住的老人也更愿意改造。

在未来，为拓宽居家适老化改造的资金来源，本章对于可行的模式进行了创新性的探索，主要有与长护险或其他保险相结合的改造模式以及与公积金相结合的模式。

（1）长护险与居家适老化改造

日本早在 2000 年 4 月开始实施“介护保险制度”，也就是我们常说的长护险。而长护险除了用于给付预防及护理相关的服务费用，还可以对住宅的翻修提供支持，而个人仅需要负担百分之十。护理保险认可的住宅改造项目包括安装门把、消除地板落差、铺设防滑地板及使用轮椅方便的地板、安装推拉门及更换马桶等。且原则上一处住宅的改造费不得超过 20 万日元（包括自己负担的 10%）。如果老人需要被护理的程度加深，具体表现为长护险内认定的护理等级的提高，老人还可以重新得到一笔改造费用，用以改造并匹配老人现阶段的生活和居住状态。我国自 2016 年开始长护险的试点工作，在未来，可以借鉴参考日本的介护保险制度，将住宅的适老化改造费用负担作为可以被长护险覆盖的内容之一，提供改造资金来源，并成为适老化改造的新型模式。

（2）公积金与居家适老化改造

根据国务院《住房公积金管理条例》，公积金除了用于购买住房，还可以用于翻建和大修自住房。而目前我国多地已经更新了当地住房公积金管理细则，如成都市最新的管理细则指出，职工及其配偶在一个自然年度内发生购买、建造、翻建、大修自住住房、偿还自住住房贷款本息、租赁住房和既有住宅增设电梯的住房消费行为的，只能就其中一项住房消费行为选择一套住房申请提取住房公积金一次，也就是说公积金可以用于住房的翻建、大修以及加装电梯。因此，若能够将住宅的翻修与住宅的适老化改在合理的结合，那么公积金的加入则在很大程度上拓宽了适老化改造的资金来源。未来，尤其是针对 50 岁左右、还未退休但已经为未来养老做出规划的中老年人来说，将住房公积金积极地用于现有住房的适老化改造，能够在很大程度上增强其未来原居养老的可能性。

第三节　社区适老化改造中的运营管理及社会参与

本书在第三章中已经就社区适老化改造项目的建设问题进行了一定的阐述和分析，尤其强调了现阶段大体量社区适老化改造需求下，社会资本参与其中的重要性和必要性。实际上，在完整且理想的社区适老化改造模式中，作为项目投资方，社会资本不仅是要完成一次性的改造工程建设，还应承担后续养老设施和服务的运营管理，这是社会资本收回成本并创造利润的关键步骤之一，也是使适老化改造成果真正惠及广大老年居民的专业保证。此外，社区适老化改造的落地实施和运营管理并不是政府和企业的单向强制性行为，需要得到社区内广大居民家庭的理解和配合，这不仅关系着工程项目建设的顺利与否和后续运营使用效率的高低，也影响着整个社区适老化改造市场能否持续吸引社会资本，从而，形成健康良性的发展态势。本节就从改造中的运营管理和社会参与角度切入进行阐述分析。

一、社区适老化改造中的运营管理

1. 社会资本参与社区居家养老的模式分类

社区居家养老，即老年人居住在自己的住宅中，整合社会资源，以社区公共养老设施和为老服务支持体系为平台，从而保障老年人的日常生活行动需要的养老模式，而社区适老化改造就是构建这一模式的前提条件和软硬件基础。一般而言，社区养老服务具有非排他性和不充分的非竞争性，老年居民个体在享受社区养老服务时，不会排斥其他老年居民对服务的消费，但服务的边际成本大于零，随着接受服务的老人数量增加，提供服务的成本也会增加。因此，有学者指出社区养老服务是具有外部效应的准公共产品，社会资本的参与对于社区养老服务的运营效率和持续发展有着重要影响。

在对社会资本投资社区养老实施程序做法的探索中，社会资本的参与模式也不断发展。从主体合作模式角度，社会资本可以分为合作共建、统一完善合作、特定项目合作和服务外包四种；从投资动机角度，参与模式可以分为政府自上而下推动的协同型合作模式和需求导向催生的互惠共生型合作模式；而从产权配置角度可以分为委托运营、特许运营和私有化三种模式，不同的模式中社区养老项目资源的利用率和可持续项目效益的实现成功率各有差异。在委托运营模式中，项目所有权一直属于政府，相应的，政府对项目负责，承担项目风险并分享收益，而社会资本仅仅按合同约定向老人提供部分社区养老服务并分享相关收益，由使用者付费和政府付费获得回报；在特许经营模式中，项目在特许经营期内属于社会资本、在特许经营期外归政府所有，社会资本和政府分别在其拥有项目所有权期间分担风险并分享收益，由使用者付费、可行性缺口补助和政府付费获得回报；在私有化模式中，项目产权归社会资本所有，社会资本对项目负责，承担风险并分享收益，政府只进行监督指导，而项目回报都通过使用者付费获得。

2. 社会公众协同参与改造的运营管理模式

在由政府完全主导负责的传统社区适老化改造模式中，社区更新往往会陷入低效的陷阱中，无法获得可持续的资金来源，也难以形成一个多方利益相关者的可持续社区治理体系，为了摆脱这一困境，社会资本和社区居民的共同参与和协同合作是必不可少的。

（1）各主体的角色作用

在多元参与治理的社区适老化改造中，政府主要担任决策者和管理监督者的角色，在适老化改造初期阶段起到关键作用。一方面，政府有责任制定并改进相关政策，从复杂的产权界定、审批制度、激励措施等方面进行完善，以保障改造程序的合法性、打消各利益相关方的顾虑，促进多方合作；另一方面，政府的公共权力为营造良好的舆论环境、构建多方交流沟通平台、维护不同参与者的话语权的公平性提供了条件，政府需要充分发挥其职能作用，引导社会资本和社区居民等社会公共的参与，并对改造项目的建设和运营进行有效监督。

社会资本以投资经营者的身份，在社区适老化改造中投入所需资金的大部分，通过市场化的方式提供服务，在政府与各类适老化改造服务提供者之间建立缓冲区，以其专业性直接与服务提供者沟通交易，从而实现对这些养老服务提供者的统一管理，降低政府的管理难度和管理成本。同时，社会资本也可以积极建立与社区居民的交流机制，加强各利益相关方的联系，完善信息渠道，及时发现并解决问题，避免纠纷和冲突。

社区居民是社区养老服务的消费者，也是社区适老化改造中的决策参与者。老年居民在决策和实施过程中的参与度越高，未来在改造完成后获得的服务与自身的养老诉求的契合度就越高，养老设施的使用率和运营收益也就越高，社会资本方能收回自己的改造成本并获得相应利润，从而形成良好的互动反馈，维持对服务设施的可持续运营管理。虽然其他年龄段的群体不是适老化改造的直接受益者，但可以通过社区环境改善、服务体系完善及老旧设施更新等行为间接得利，同时也是既有住宅增设电梯、社区资源投入利用等行为的意见征求者，需要适时参与到社区适老化改造中。因此，社区居委会、非营利组织以及其他相关的活动团体应通力合作，向社区居民大力宣传适老化改造的理念、好处和程序，充分披露有关活动信息，引导居民积极参与改造，表达自我诉求。

（2）适老化改造中的运营管理流程简述

在决定实施社区适老化改造之初，由政府依托社区成立工作推进小组，根据社区现有资源和居民养老诉求，采用适当的采购方法引入市场力量，明确项目清单工作范围、责任主体划分、进度计划、监督评价指标等，选择具有足够投融资实力、专业资格、运营管理能力和社会责任感的社会企业作为适老化改造的运营管理者。

社会企业在享有政府政策规定内一定的财政补贴和税费优惠的基础上，注入大部分的项目所需资本。该企业在政府和公众的监督约束、相关部门下，全面负责社区适老化改造的公众舆论动员、居民诉求收集、相关利益协调、社区规划勘测、设施改造建设及运营维护管理等工作。特别是，在改造实施过程中，社会资本承担的最主要工作是投融资和统一运营管理，并不一定需要亲自完成所有项目工作，可以将相应的工作内容交由其他专业的施工、装修、设施产品及服务企业，从而，通过专业服务外包和模块化服务分工降低项目成本、提高改造质量。此外，社会资本还将吸引更多的社会组织和金融机构，有助于激活社区丰富的娱乐活动，完善居民自治机制，也使通过保险机制和专项基金加强社区养老服务的可持续性成为可能。

追求利润是社会资本投资项目的最终目的，在社区适老化改造中，仅靠政府的少量财政补贴远远不能填补改造项目的支出费用，如果要鼓励社会资本进入该领域，就必须要找到其中的营利点所在。根据以往的经验，社会资本在社区适老化改造中的收入主要来源于社区资源的整合利用和后续养老服务设施的运营收费。

其中，可利用的社区资源主要包括以下几类：

①增加建筑面积，通过出售新增面积获得收入，虽然，这种方法获利时间短且做法简单，但对于原本人口密度就较大的老旧社区的更新而言是不可持续的，它并不具有大规模拆迁增建的条件，现有的教育、交通、水电、公共安全及消防等服务也难以承受更多的居民入住。

②改变土地使用属性，将市场价格较低的土地改为市场价格较高的土地，但土地属性的改变在我国需要经历复杂的审批程序，虽然理论上可行，但真正实行起来困难重重且难以保证其成功率。

③为健康状况良好、有就业需要和就业能力的老年居民创造一个良好、安全的就业环境，既提高居民个人收益和费用负担能力，也为社区创造了可持续运营的资产链条来实现循环收益。

④重新规划使用原本低效利用的空置房屋或土地等灰色空间，并从中获得盈利，这种方法无论是从普适性还是收益效率方面都高于其他方法，是社区适老化改造中最重要的支持资源。

⑤通过适老化改造提升社区生活环境品质，带动土地和房屋升值，进一步从获得使用权的土地和房屋中获取更多收入。

与此同时，在改造完成后的一段约定时间内，将全部或部分社区养老服务及其他公共设施的运营管理权交给社会资本，使其既负责日常运转维护，也在政府监督下向服务使用者进行一定的合理收费，这不仅能使社会资本有条件获得投资回报，也可以反过来激励其在适老化改造之初就充分调研社区居民的现实需求，以保证后续运营期间内的消费规模和持续运转，从而，促进整个社区适老化改造项目的成功。虽然，对于很多老旧社区的居民来说，物业服务已经在他们的生活中缺席了很长一段时间，造成了物业服务费支付意愿低的惯性，也很可能导致社区养老服务运营初期出现资金缺口，但只要在充分贴合居民养老诉求的基础上认真规划并实施适老化改造，随着居住环境的改善和公共服务品质的提高，居民对运营管理者的信任感也会逐步加强，无论是基础物业费的征收率还是附加养老服务的消费额都将逐步提高，快速弥补前期资金缺口，从长远角度看，社区适老化改造的持续运营前景是乐观的，这也在已有试点项目中得到了证实。

3. 社区适老化改造中的特例——既有住宅增设电梯

在众多的社区适老化改造的硬件设施和软件服务中，既有住宅增设电梯是最特殊、最复杂的工程项目分支之一。与家庭住宅内部改造不同，增设电梯属于公共空间改造，涉及公共利益，需要协调绝大多数居民的意见，在资金投入形式方面也存在更多选择，参与方较多。与社区日照料中心、老年活动中心、社区医院及助浴助洁助餐服务等其他公共养老设施及服务相比，中青年居民对增设电梯更容易产生较为严重的抵触情绪，加装电梯引起的震动、采光、安全保障问题令部分居民产生担忧，尤其是一二层的居民会在安装前后的房价变动、日常生活舒适性等方面中受到较大的负面影响，而电梯安装和日常运维所产生的费用如何分摊更会使居民产生对于公平性的怀疑。不像其他公共养老设施可以设置于社区开放空间，电梯由于其用途的特殊性，必须安装在居民楼外部，对所有年龄阶段的居民都会产生直接影响。同时，电梯的使用难以仅限于有需求的人群内部，一方面，不少年轻、健康状况良好、居住在低楼层的居民对加装电梯并没有迫切的需求；另一方面，即使是居住在四、五、六等高楼层的居民也会认为不同楼层的人对电梯的使用程度不同，所需承担的费用比例也应不同，如何确定电梯安装和使用费用的来源、构建公平合理的分摊机制，成为能否成功在绝大部分居民中达成意见一致、顺利推行项目落地的关键。因此，理清既有住宅增设电梯背后的运营管理机制对于研究社区适老化改造中的多方协同参与问题十分必要且具有一定的借鉴意义。

（1）增设电梯的机制对比

①传统模式

在传统模式下，加装电梯所需资金由相关业主协商共同承担，政府给予定额资金补助，所需资金以房屋所有权人自筹为主，财政补贴为辅。电梯建成后新增面积产权属于业主，由业主委托有相应资质的企业进行电梯运行维护管理，并成立专项维修资金。在传统模式下，一般除一、二层居民外，所有居民都需要出缴一定的安装和使用费用，而建成后，居民使用电梯基本不受限制、无需相关凭证。从流程上而言相对简单，但从实际操作角度难度较大。一方面，安装一部电梯的费用动辄几十万，一些居民本就受到经济条件、思想及邻里关系等因素的影响，不愿负担额度较大的电梯安装费用，更遑论部分未来有搬离现居所打算的居民，他们对于安装电梯所要缴纳的大笔费用犹豫不决，不愿承担通过加价出售房屋收回安装成本的风险，这就导致前期安装费用的筹集难以达成。另一方面，该模式下需要所有居民共同承担，这对于不需要或极少数时间需要使用电梯的居民而言相对不公平，在费用的分摊比例上公平对待不同情况的居民并得到所有人的一致认可本就是一件极其困难的事，更何况当后期使用不加限制、前期约定难以保证时，更易引发矛盾和纠纷。因此，传统模式下的增设电梯，时常会发生前期热情高涨、积极协商，后期争议频发、不了了之的情形。

②新模式

新的模式机制鼓励社会资本参与到项目中，作为改造的实施主体，全程负责既有住宅增设电梯实施以及后续运营和维护管理，在安装时不收取居民费用，在使用时以电梯卡等形式按需收费，收回成本。如此一来，居民既不需要承担额度较大的增设电梯一次性安装费用，也可以在使用时分层、分时缴费，灵活度更大，也更能体现公共服务设施改造中公平性，提高居民的接受度和支付意愿。

2. 增设电梯案例简述

2016 年，北京市海淀区大柳树北社区 5 号院 6 单元的居民在居委会的组织下开始就增设电梯进行了初步探讨，在各方的共同努力下，于 2017 年成功安装并付诸使用。在此过程中，组织结构、实施流程和运营管理等方面都涌现出了不少值得学习借鉴的地方。

在本项目中，大柳树北社区居委会负责召集具体改造项目的楼门长、居民，宣传电梯改造方案，协调居民完成改造意向书。北下关街道办事处、北下关街道社区服务中心负责协调社区居委会，由北下关街道社区服务中心与北京怡智苑信息服务有限公司签署居家养老服务协议，该公司完成居家养老服务体系规划并负责社区与服务商日常工作的协调管理、宣传策划，评估并引进电梯建设与运营商——北京华龄安康控股有限责任公司，参与施工过程中的居民解惑工作和安全生产监督。而华龄安康公司则具体负责电梯的融资、设计、报批、实施和未来的运维管理。

在改造之初，由社区组织居民会议，宣讲增设电梯的具体细节，并征集、协调居民意愿，获得授权委托，在怡智苑公司的中间作用下，由华龄安康负责公司投资建设，并以“自愿申请、免费安装、付费使用”的形式负责运营管理。在安装完成后，按事先的多方约定，该项目中电梯的维护年限不少于20年，运营管理和维修维护均有华龄安康负责，由电梯用户缴纳使用费用收回成本并支付日常运维成本。住户缴纳的电梯使用费用根据电梯工程造价和可使用电梯的住户数确定，居民根据个人家庭情况以类似月卡、年卡的形式按照使用电梯的时长为单位缴纳，并考虑增加按乘坐电梯次数缴费的方式。此外，根据住户所在楼层的不同，使用费用的缴纳标准也不同，楼层越高、单价越多，楼层越低、单价越少，除不同交费的一层住户外，平均每月每户收费标准为190元。

二、社会资本参与适老化改造的风险与对策

1. 社会资本的风险

虽然从总体来看，在社区适老化改造中引入社会资本是多方共赢的模式，社会资本在项目运作过程中，可以获得政府的补贴和税费优惠，将政策不稳定、法律法规变更等风险与政府分担，还能在政府的支持下加强和居民、社区组织的联系和沟通，降低一定的协调难度，从而在社区适老化改造这一具有广阔前景的领域中抢占先机、获得盈利。但是，由于项目初期投资的数额较大、投资回收期长及风险因素复杂多变等特点，不少社会资本还是心有顾虑，仍然处于犹豫观望中，主要担忧以下的特定风险。

（1）社会环境风险

社区适老化改造的发展和地区的经济、文化、教育及城镇化水平等因素密切相关，社会资本在对其进行投资时，要依据当地的现实情况和养老

需求确定开发规模和市场定位，“一区一设计”的要求，导致一旦在前期的市场调查和诉求收集不详尽，就极有可能造成后续运营中的服务失效。此外，社会公众在项目前期又缺乏明确的价值取向，即使前期进行了需求调研，也难以对居民未来的使用消费行为进行准确的提前预测，致使无法获得计划内的收入。

（2）协调沟通风险

社区居民与政府和社会资本不同，他们以个体形式直接参与交互机制，经济、健康、思想、性格、利益诉求等状况都有所差异，要在他们之间交流沟通以获得真实意见并协调一致，是一件技巧性高、极费心力的事。一方面，与居民沟通补偿会使他们难以实质性地参与到项目中，影响项目实施和运营；另一方面，居民在群体心理效应作用下，一旦问题处理不当、违背居民实际意愿，就容易激化双方矛盾，形成负面舆论的链式反应，严重影响项目实施。

（3）居民支付意愿风险

老年居民是养老服务设施的最终使用者，他们对相关服务的使用和支付意愿直接决定着社会资本的投资回报。首先，由于很多老年人深受勤俭节约思想的影响，对于“花钱买服务”的接受度不高。其次，社会资本参与的社区适老化改造项目同时具有公益性和营利性，而部分居民还保持着依赖政府的观念，认为政府总会在改造中负担更高的费用，不愿意自我负担费用。此外，在运营过程中，如果管理不善，导致养老服务质量差、工作人员服务态度不友善、服务定价不合理、空间利用效率低及秩序混乱等问题，就会使实际进行服务消费的老年居民人数低，直接降低项目运营收益，严重情况下甚至还会导致项目失败。

（4）安全和质量风险

老年人属于弱势群体，受到国家和社会的特别保护，重点关注其养老环境和居住质量，养老服务设施的建设质量、标准和运营安全受到严格监管。老年人本身就具有一定的健康脆弱性，发生安全问题的风险远大于其他人群，但某些细节规范的缺失又会使在发生纠纷时难以裁定责任范围，引发纠纷。

2. 风险应对建议

（1）加强项目信息公开

在社区适老化改造项目的全寿命周期都要关注社区居民的利益诉求，加强项目信息的公开，主动建立常态化沟通平台并及时做出反馈，以保障居民的知情权和参与权，减少公众对项目的误解，充分契合居民的养老需求，发挥公众的监督作用，在保证盈利收入的基础上，尽量体现公益性，从而，避免公众不满态度的累积，保障项目的顺利运行。

（2）构建社区网格治理机制

考虑到社区中的居民人数众多，评估和协调工作量巨大，可以将网格理念引入社区治理，消除信息孤岛，融合共享信息，方便对老年人养老需求的评估。

（3）提高资本运作经营能力

社会资本要加强自身的运营管理能力，构建标准化的企业服务规范，培训加强养老服务人员的专业技能、规范服务操作，制定“免费试用”“初次优惠”等经营策略使老年人通过亲身体会而加强认同感和支付意愿，同时寻求服务成本的降低以提升整体经营收益。

（4）政府协助保障运营收益

一方面，政府应从观念、制度、教育等方面入手，向公众宣传普及社区适老化改造的重要意义，形成良好的社会氛围；另一方面，政府可以在运营使用阶段对愿意购买社区养老服务的居民进行一定时间段、一定比例的费用补贴，特别是在运营初期，补贴对于激励老年居民购买公共服务的作用是不可忽视的。此外，政府也可以选择和社会资本共担运营收入不足的风险，保障日常的最低服务人数，即当消费人数低于保障人数时，政府按照人数缺口数量直接向社会资本发放资金补贴，以保证社会资本的最低收益，但该方法在可持续性方面要低于向居民发放补贴的方法。

本章主要参考文献

[1] 陈星安，肖艳阳．社区生活圈视角下养老设施布局公平性研究——以长沙市雨花区为例 [J/OL]. 工业建筑：1-14[2021-12-19].

[2] 湖北省住房和城乡建设厅．关于印发《湖北省居家适老化改造技术指南（2021 年版）》的通知：鄂建文 [2021] 29 号 [A/OL].（2021-08-13）[2021-12-31]. https：//zjt.hubei.gov.cn/zfxxgk/zc/gfxwj/202108/t20210820_3713172.shtml.

[3] 冯雪东．基于蒙特卡罗模拟的社区养老服务 PPP 项目投资决策研究 [D]. 山东建筑大学，2017.

[4] 黄文炜，王涵，王紫熙．基于结构方程模型的既有住区适老化改造研究——以湖北省宜昌市为例 [J]. 南方建筑，2021（4）：138-144.

[5] 姜洪庆，尹心桐，梁伟研，周可斌．广州市越秀区既有城市住区公共服务设施适老化评价研究 [J]. 城市发展研究，2020，27（10）：125-133.

[6] 江谢家宏．居家养老住房适老化改造需求研究 [D]. 清华大学，2019.

[7] 刘东卫，贾丽，王姗姗．居家养老模式下住区适老化通用设计研究 [J]. 建筑学报，2015（6）：1-8.

[8] 刘东卫，秦姗，樊京伟，伍止超．城市住区更新方式的复合型养老设施研究 [J]. 建筑学报，2017（10）：23-30.

[9] 李灵芝，张嘉澍，仇白羽，谷甜甜．大规模保障住区养老设施配置优化研究——以南京市为例 [J]. 现代城市研究，2016（6）：11-15，36.

[10] 李文捷．居家适老环境建设之经验与模式创新 [J]. 住宅产业，2020（8）：26-31.

[11] 李欣，徐怡珊，周典．国内老年宜居环境的学术研究与设计实践 [J]. 建筑学报，2016（2）：16-21.

[12] 李媛媛．基于适老化社区支持体系的社区更新路径研究 [D]. 天津大学，2020.

[13] 马晖，赵光宇．独立老年住区的建设与思考 [J]. 城市规划，2002（3）：56-59.

[14] 薛峰，李晓鸿，朱中一，周燕珉，赵晓征，林文洁，胡惠琴，袁戎，范雪．老龄化社会背景下住区发展趋势及居家养老——2013 适老研究与设计座谈会 [J]. 建筑学报，2013（3）：86-91.

[15] 熊伟．住区规划中的适老化设计对策 [J]. 规划师，2012，28（S1）：89-92.

[16] 杨丹．基于演化博弈的社区老年食堂合作伙伴选择策略研究 [D]. 浙江大学，2020.

[17] 温芳，张勃，马欣．德国适老居住模式的特征与经验 [J/OL]. 国际城市规划：1-16[2021-12-19]. http：//kns.cnki.net/kcms/detail/11.5583.TU.20211126.1307.002.html.

[18] 王方兵．城市居家养老老年人居住环境需求研究 [D]. 华东师范大学，2015.

[19] 吴翔华，刘聪，於建清．住房适老化改造意愿影响因素研究——基于南京市老年

群体调研 [J]. 调研世界，2017（3）：15-19.

[20] 袁竞峰，尚东浩，邱作舟，李迁．不同回报机制下 PPP 项目社会风险涌现机理研究 [J]. 系统工程理论与实践，2020，40（2）：484-498.

[21] 袁竞峰，唐美玲，陈铮一，张建坤．不完全契约视角下社会资本参与社区养老模式研究 [J]. 系统科学学报，2019，27（3）：130-136.

[22] 于文婷，周博，李翥彬，范悦，栾一斐．既有住区老年人活动场所选择及差异性分析——以大连市为例 [J]. 现代城市研究，2020（11）：123-129.

[23] 应佐萍，桑轶菲，陈丽娜．旧居住区适老化改造实证研究——以浙江省舟山市蓬莱住区为例 [J]. 建筑经济，2021，42（1）：97-100.

[24] 周博，王洪羿，陆伟，刘建军，李铁丽．老年人住区的宜居空间构成模式探索 [J]. 建筑学报，2016（S1）：95-98.

[25] 张津瑜．考虑居家养老的既有住宅室内空间改造研究 [J]. 科技通报，2019，35（10）：187-190.

[26] 张柳．基于服务普惠下的养老社区规划与设计 [J]. 建筑结构，2021，51（22）：157.

[27] 曾鹏，李媛媛，李晋轩．日本住区适老化更新的演进机制与治理策略研究 [J/OL]. 国际城市规划：1-17[2021-12-19]. https：//doi.org/10.19830/j.upi.2020.107.

[28] 张倩，王芳，范新涛，支瑶．西安市老旧住区养老设施设计研究 [J]. 建筑学报，2017（10）：13-17.

[29] 朱天禹．德国的适老住宅建设和适应性改造 [J]. 建筑师，2021（4）：26-37.

[30] 张宇，方佳曦．居家养老视角下住区空间智慧化趋势 [J]. 科技导报，2021，39（8）：52-59.

[31] 赵尤阳．老龄化背景下典型老旧居住小区适老化改造探索与研究——北京海淀区北下关街道大柳树北社区 5 号院改造项目为例 [J]. 建设科技，2017（7）：34-37.

[32] 周燕珉，秦岭．老龄化背景下城市新旧住宅的适老化转型 [J]. 时代建筑，2016.

[33] Agree EM，Freedman VA，Cornman JC，Wolf DA and Marcotte JE. Reconsidering substitution in long-term care：when does assistive technology take the place of personal care? J Gerontol B Psychol Sci Soc Sci 2005; 60：S272–S280.

[34] Anderson WL and Wiener JM. The impact of assistive technologies on formal and informal home care. Gerontologist 2013; 55：422–433.

[35] Carnemolla，P and Bridge，C. Housing design and community care：How home modifications reduce care needs of older people and people with disability. International Journal of Environmental Research and Public Health，2019，16（11）.

[36] Chase C A，et al. Systematic Review of the Effect of Home Modification and Fall Prevention Programs on Falls and the Performance of Community-Dwelling Older Adults. American Journal of Occupational Therapy，2012. 66（3）：284-291.

[37] Cumming RG，Thomas M，Szonyi G，Salkeld G，O’neill E，Westbury C and

Frampton G. Home visits by an occupational therapist for assessment and modification of environmental hazards: a randomized trial of falls prevention. J Am Geriatr Soc 1999; 47: 1397–1402.

[38] Gillespie LD, et al. Interventions for preventing falls in older people living in the community (Review). Cochrane Database of Systematic Reviews, 2012 (9).

[39] Gitlin LN, Hauck WW, Winter L, Dennis MP and Schulz R. Effect of an in-home occupational and physical therapy intervention on reducing mortality in functionally vulnerable older people: preliminary findings. J Am Geriatr Soc 2006; 54: 950–955.

[40] Jutkowitz, E., et al., Cost Effectiveness of a Home-Based Intervention That Helps Functionally Vulnerable Older Adults Age in Place at Home. Journal of Aging Research, 2012. p. 6.

[41] Lin MR, Wolf SL, Hwang HF, Gong SY and Chen CY. A randomized, controlled trial of fall prevention programs and quality of life in older fallers. J Am Geriatr Soc 2007; 55: 499–506.

[42] Nikolaus T and Bach M. Preventing falls in community-dwelling frail older people using a home interventionteam (HIT): results from the randomized falls-HIT trial. J Am Geriatr Soc 2003; 51: 300–305.

[43] Oaks M. The Importance of Home Modification for Occupational Participation and Safety for Low-income Older Adult Homeowners. 2017, St. Catherine University.

[44] Oswald, F., et al., Relationships Between Housing and Healthy Aging in Very Old Age. The Gerontologist, 2007. 47 (1): p. 96-107.

[45] Sheffield C, Smith C and Becker M. Evaluation of an agency-based occupational therapy intervention to facilitate aging in place. Gerontologist 2013; 53: 907–918.

[46] Shen T, Yao X and Wen F. The Urban Regeneration Engine Model: An analytical framework and case study of the renewal of old communities[J]. Land Use Policy, 2021, 108.

[47] Stevens J A, and Lee R. The Potential to Reduce Falls and Avert Costs by Clinically Managing Fall Risk. American Journal of Preventive Medicine, 2018. 55 (3): 290-297.

[48] Szanton S L, et al. Community Aging in Place, Advancing Better Living for Elders: A Bio-Behavioral-Environmental Intervention to Improve Function and Health-Related Quality of Life in Disabled Older Adults. Journal of the American Geriatrics Society, 2011. 59 (12): 2314-2320.

[49] Wahl, H., et al., The home environment and quality of life-related outcomes in advanced old age: findings of the ENABLE-AGE project. European Journal of Ageing, 2009. 6 (2): p. 101-111.

—six—

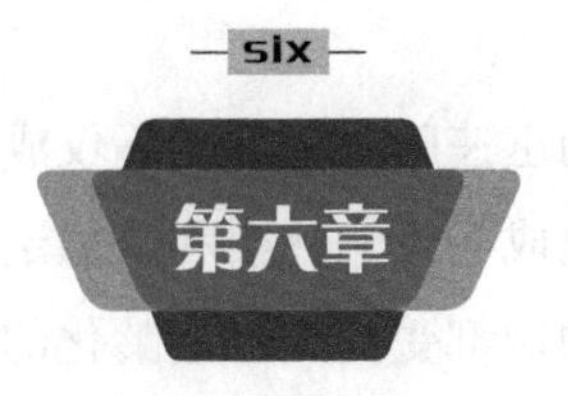

社区居家养老服务体系的构建

第一节　社区居家型养老服务体系推进策略

随着全球老龄人口的迅速膨胀，养老不仅成为世界各国政府必须正视的社会福祉问题，同时也成为影响社会和谐稳定和可持续发展的主要问题之一。几乎所有的社会领域都受到人口老龄化的冲击和影响，包括劳动力和金融市场；住房、医疗、交通和社会保障的商品和服务需求；家庭结构和代际关系等。中国作为世界上最大的发展中国家，人口自然增长率的持续走低，人口结构和数量变化导致的家庭规模萎缩，传统养儿防老和家庭养老观念的根深蒂固导致年轻一代养老压力日益加重，社会养老问题逐步显露。作为“未富先老”“未备先老”和“少子老龄化”的典型国家，如何促进老龄化事业发展、实现健康老龄化、保证老龄化阶段的平稳过渡不仅是政府管理和社会治理的重要议题，同时是我国老年人及其家庭最为关注的民生热点。

按照联合国《人口老龄化及其社会经济后果》划分标准，一个国家或地区 60 岁以上的人口占比达 10% 或 65 岁以上人口占比达 7%，即说明该国家或地区进入老龄化社会。第七次人口普查显示我国 65 岁以上人口占比为 13.50%，可以说我国已进入老龄化社会，因此，推进顶层设计与基层实施相协同、社会发展规律和科学技术产业相融合、国际经验与地方现状相结合，符合我国国情的养老服务体系刻不容缓。从目前我国已有的养老模式来看，仍以家庭养老模式为主、机构养老模式为辅，但是这两种模式逐步显现出不足与乏力。从机构养老模式来看，与发达国家和地区的老年人不同，我国老年人普遍具有强烈的家庭养老情怀，同时，由于经济发展和社会福祉仍处于初级阶段，因此，机构养老发展水平有限、管理能力不足，产生的各种“欺老”问题，令社会大众对机构养老模式存在质疑。从家庭养老模式来看，虽然，这类养老模式可以满足我国老年人的居家情怀，但是“四二一”或“四二二”家庭形式导致子女需要兼顾家庭养老、抚养儿童和社会工作，养老压力过大、赡养力不从心，因此，家庭养老模式的乏力逐渐显现。

结合国内外成熟养老模式经验，社区居家养老模式既能满足老年人居家养老心理，又能缓解子女养老压力、享受相关服务机构和专业人士提供的医疗和托老服务，最大程度的结合了家庭养老和机构养老的优势，成为我国养老模式发展的新思路。但目前，我国社区居家养老模式的需求挖掘及效果评价等方面仍存在较大不足，加上老年群体自理状态差、收入水平普遍不高、养老消费理念较落后等原因，使得社区居家养老模式的推进受到一定阻碍。为此，我国陆续出台多条政策指导社区居家养老服务体系建设，如表 6-1。

重点社区居家养老相关政策 / 对策　　表 6-1

时间	名称	内容
2016.06	民政事业发展第十三个五年规划	全面建成以居家为基础、社区为依托、机构为补充、医养结合的多层次养老服务体系
2016.10	“健康中国 2030”规划纲要	推动医疗卫生服务延伸至社区、家庭
2016.11	关于确定 2016 年中央财政支持开展居家和社区养老服务改革试点地区的通知	确定北京市丰台区等 26 个市（区）作为第一批试点地区
2016.12	国务院办公厅关于全面放开养老服务市场提升养老服务质量若干意见	大力提升居家社区养老生活品质；推进居家社区养老服务全覆盖；推进社区综合服务信息平台与社会保障等信息对接
2017.02	“十三五”国家老龄事业发展和养老体系建设规划	到 2020 年，居家为基础、社区为依托、机构为补充、医养结合的养老服务体系更加健全
2017.02	智慧健康养老产业发展行动计划（2017—2020 年）	利用物联网、云计算、大数据及智能硬件等信息技术实现个人、家庭、社区、机构与健康养老资源有效对接和优化配置，推动健康养老服务智慧化升级
2017.10	十九大报告	构建养老、孝老、敬老政策体系和社会环境，推进医养结合，加快老龄事业和产业发展
2017.11	关于确定第二批中央财政支持开展居家和社区养老服务改革试点地区的通知	确定北京市西城区等 28 个市（区）作为第二批试点地区
2018.04	国务院关于积极推进“互联网 +”行动的指导意见	依托现有互联网资源和社会力量，以社区为基础，搭建养老信息服务网络平台，提供护理看护、健康管理、康复照料等居家养老服务

续表

时间	名称	内容
2018.05	关于确定第三批中央财政支持开展居家和社区养老服务改革试点地区的通知	确定北京市通州区等22个市（区）作为第三批试点地区
2019.04	国务院办公厅关于推进养老服务发展的意见	推动居家、社区和机构养老融合发展。支持养老机构运营社区养老服务设施，上门为居家老年人提供服务。组织开展养老照护、应急救护知识和技能培训

自2016年6月起至2019年4月，国家共出台11条政策，从“医养结合”“智慧养老”等具体措施以及“居家为基础、社区为依托、机构为补充的养老服务体系”“大力发展居家社区养老服务和加强社区养老服务设施建设”等重大前瞻布局多角度推进社区居家养老服务体系构建，针对上述政策和相关研究进展，本节对社区居家型养老服务体系推进策略展开相关探讨。

一、社区居家养老服务体系构建

在一些西方发达国家，人口老龄化是一个相对于经济发展而言较为缓慢的过程，因此，这些发达国家有足够的时间和经济实力去应对人口老龄化带来的影响。19世纪末，诸如瑞典等高福利国家进入老龄化阶段，凭借国家高福利政策，低收入老年人主要享受的是地方政府低廉和免费的医疗服务，而高收入老年人则主要接受个性化私营养老机构服务。虽然，瑞典提供的养老服务中包括社区医保等内容，但这一时期仍以家庭养老和机构养老为主。20世纪80年代，随着发达国家全部进入老龄化阶段，探索适合本国发展的养老模式成为各个国家养老问题中关注的焦点。20世纪80年代，英国政府率先提出“社区照顾”模式可以看作是社区居家养老模式的雏形。随着英国政府的有关法令推动和养老模式的逐步完善，英国的社区居家养老体现出“去机构化”的特点，既较好的调动了民间资源、体现养老服务灵活性，又能让老人充分享受家庭和社区生活，安享晚年，是世界范围内社区居家养老的典范。美国的社区居家养老模式大多同机构养老类似，需要老年人每月支付一定的费用，用以享受护理和家政的服务。除此之外，日本、加拿大等国家也在积极倡导和推行符合本国发展的社区居家养老模式，由此可见，社区居家养老模式逐步成为各个国家关注的热点养老模式。

科学确定社区居家养老服务内容是社区居家养老模式得以推进的前提。社区居家养老服务内容应涵盖老年人养老需要的各方面。虽然，科学界对社区居家养老服务内容没有一个明确的论断，但是透过各类研究成果和实践经验表明，社区居家养老服务内容的核心构件包括解难服务、保障助养、医疗保健、参与社会、老年教育及精神慰藉等。其中，医养结合可以看作是社区居家养老模式及服务中的典型服务类别。目前，医养结合的社区居家养老模式涵盖了养护、医疗、康复及心理安慰等多方面内容。随着经济社会的不断发展，社区居家养老模式为老年人提供的养老项目和服务内容呈不断增长的趋势，相关服务的个性化趋势也在不断增强。

由于，各方面环境和因素的影响制约，我国社区居家养老发展面临着一系列的难题。在供给侧视角下，法律法规和软硬件条件不完善、运行机制不完善、服务对象有限，服务内容单一、覆盖范围狭窄、资金缺乏且来源单一、基础设施不完善、服务项目结构不合理及服务人员专业性缺失等都是当前社区居家养老服务面临的主要困境，也是推进社区居家养老服务健康有序发展不得不解决的难题。在需求导向视角下，家庭地位的削弱、观念滞后、宣传教育不到位、沟通不足及参与度低等是限制社区居家养老模式发展的重要因素。具体总结为以下三点。

1. 多主体参与：协同程度不高，养老优势发挥不充分

第一，政府主导作用不显著，缺乏有效的激励与约束机制。目前，针对公办养老机构的约束性政策不完善，部分机构受利益驱使选择性收住经济条件或自理程度较好的老年人，未充分履行养老保障责任。针对民办养老机构的市场准入机制、服务质量评估机制不健全，市场化的社区居家养老服务良莠不齐。

第二，社会支撑及市场补充作用不到位，缺乏多层次的养老服务。非

营利组织对接其他供需主体的职能未充分履行，企业投资或供给养老服务的积极性不高，社区养老功能多流于形式，而家庭养老能力有限。这些共同造成了养老服务的供需失衡。面向较高消费支出能力老年群体的优质养老服务供给不足，面向普通老年群体的养老服务内容单一。

2. 多资源整合：资源嵌入不足，养老服务工作难开展

第一，养老产业发展与老龄化程度不匹配，缺乏多渠道的养老经费支持。养老服务业所需资金规模巨大，目前，养老经费仍主要由财政负担，而市场投资不足,社会救济金占比低。养老资金融资仍依靠单一的银行贷款，金融机构对养老服务信贷产品、养老型理财产品等金融产品的供给不足。

第二，智慧化手段应用不足，缺乏完善的养老服务信息化体系。智慧养老产品未充分考虑老年人的使用能力与生活习惯，在老年健康监测及远程安全管理等方面的应用较少。另外，养老服务信息平台以老年人获取信息的单向渠道为主，加之养老服务信息更新不及时、虚假信息充斥等，加剧了大众对养老机构的不信任甚至排斥。

第三，养老服务人员发展受限，缺乏规范的人才培养机制。养老服务从业人员的社会地位低、工资待遇少等，专业人才引进难度较大。现有的养老服务职业（或就业）培训及考核机制尚不完善，高校也存在养老护理专业冷门问题，导致服务人员专业素养普遍较低。

3. 多功能配置："医食住行情"功能不完备，养老需求难满足

医疗功能方面，面向不同老年群体的分层次医疗保险制度尚不健全，普惠性"医养结合"服务仍停留在基本护理层面，专业化服务覆盖面窄。餐饮功能方面，组织老年人集中用餐的老年食堂较少，已有的餐食服务不足以满足社区范围内所有老年人的需求。居住功能方面，新建老年公寓、托老所等老年独立居所的规划不足，既有社区适老化改造进度缓慢。出行功能方面，面向老年出行安全的规划不完善，公交线路及站点对老年出行需求较大社区的覆盖率较低。情感功能方面，现有精神慰藉类服务的针对性不够，面向空巢、独居老人的关怀爱老活动未能适时开展。

二、社区居家型养老体系推进对策

1. 多主体参与

一是强化政府职能，完善养老供给侧、需求侧政策。供给侧方面，通过简化行政程序、合理分配公共服务采购成本等，降低养老服务交易成本；通过合理捆绑其他收益类项目、加快布局老龄事业等，降低养老服务直接成本。需求侧方面，建立保障老年收入的政策支持体系，扩大养老保险范围，落实社会救助 政策，鼓励个人养老储蓄与家庭经济支持。

二是扩大主体范围，推进社会参与式养老。加快设立会员访问、日间照料、长期托养复合供给的社区养老服务中心，增加社区连锁化养老服务，并鼓励企业加盟、参与或托管服务中心。吸引公益或半公益性社会组织进入养老服务领域，鼓励个人兴办小型便民养老机构。联合养老行业协会建立孵化培育基地，培育具有潜力的养老服务企业。

2. 多资源整合

一是拓宽筹资渠道，形成资金多元投入机制。整合政府财政与福利彩票公益金，对参与社区居家养老的养老机构、非营利组织与社区予以经费支持。允许金融机构提供差异化信贷支持，开发养老型理财产品。鼓励保险公司参与养老服务，探索基本养老保险、老年长期护理保险、家庭综合保险、个人储蓄保险及以房助老保险等保险产品的新模式。

二是引进智慧手段，建设社区居家养老服务网络体系。引导电信运营商进入养老市场，拓展现代信息技术在智慧养老服务中的应用，降低老年人意外风险。建立老年群体数据库与养老服务信息管理系统，形成医疗养护、社会救助及需求整合等信息对接渠道，推进“社区—街道—城镇”三级养老服务网络建设。

三是加强人员管理，健全服务组织管理机制。打造结构合理的养老护理人才、技术人才与管理人才队伍，并成立事业单位性质的养老服务指导中心。加强养老护理人员职业培训和技能鉴定工作，落实持证上岗政策；大力培养专业技术人才，实施在岗专业人才激励措施；建立养老服务管理人才储备库，并开展实操培训。

3. 多功能配置

一是打造养老产业链，拓展养老服务内容。支持社区公开招标养老机构进驻，吸引上下游企业聚集，进而打造覆盖面广、功能完善、服务优质的养老产业链。围绕老年人的“医食住行情”需求，拓展养老服务内容，从基本的物质供给逐渐涵盖医疗健康、生活照料类的刚性需求，进而实施精神抚慰的深层次关怀。

二是提供精准化为老服务，满足多元养老需求。支持老年福利市场发展，重点保障高龄、贫困、半自理或失能、空巢老人的养老需求。面向大众养老市场，提供政府部分购买的普惠性养老服务。同时加强中高端市场建设，允许老年人自主选择有偿服务。着眼未来养老消费市场，加强面向40～59岁退休在即中产阶层的养老宣传与优质服务布局。

三、研究述评

从现有文献资料来看，关于推进社区居家养老模式的对策研究取得了如下共识：一是随着社会变迁和人口老龄化的发展，推进社区居家养老模式是大势所趋；二是认同社区居家养老服务供给主体应该多元化，只有政府、社会、社区及家庭多元供给主体间明确分工，社区居家养老模式才能有效推进；三是认同老年人对社区居家养老服务需求具有异质性和多样性，只有做到供求匹配，才能让老年人认可社区居家养老服务，从而推进社区居家养老模式的发展。这些研究积累了一些有价值的认识和数据，对推进社区居家养老模式对策研究具有一定的参考和借鉴意义。

但总体来说，现有研究还有以下不足，需要进一步研究：一是关于供给侧视角下的对策研究较多，但需求导向下的对策研究不足；二是在供给侧视角下的对策研究中，对各社区居家养老服务供给主体的责任定位多为泛泛而谈，缺乏清晰且具体的划分，使得社区居家养老服务的目标人群、服务内容和形式较为混乱，社区居家养老模式难以在实践中推进；三是对老年人需求视角的微观研究不足，对需求的分层、重要性并未深入涉及，导致一些对策并不符合实际情况，收效甚微。

第二节　理论背景

一、福利多边理论

从本质上来说人口老龄化与养老问题属于各个国家的社会福利问题。在近代以前，人类基本以家庭和家族为核心，承担养老和育儿等社会福利事业，家庭主义是当时最基本的社会原则。尤其在东亚国家，家庭主义原则和孝道伦理密切结合，通过儒家思想广为传播并绵延不断。随着西方国家工业化资本化的进程不断深入，国家主义或社会主义等思想也在不断涌现并深化，在第二次世界大战之后，世界各国纷纷从家庭主义福利原则走向国家主义或社会主义福利原则。在1948年英国宣布建成“福利国家”之后，以高增长、高消费、高福利政策和“政府对全部社会福利负责”等理念为指导的社会福利模式被西欧、北欧和北美等地的资本主义国家纷纷效仿。

伴随着日本经济的快速发展、人口预期寿命延长和生育意愿的下降，日本的老龄化进程加快，老年人的福利服务需求开始不断增加，而家庭规模小型化使传统的家庭养老意识日趋淡化，减弱了家庭的养老功能，养老问题逐步发展为社会问题，因此，在1973年，日本政府对《老年人福利法》进行了修订，规定对70岁以上以及65岁以上卧床不起的老人实行免费医疗制度。由此，1973年被日本政府称为“福祉元年”，也标志着日本正式加入“福利国家”的行列。

然而，随后爆发的世界性经济危机，使“福利国家”愈来愈感到政府已无力负担日益沉重的巨额福利开支，不得不调整政策，削减福利费用，学术界开始主张政府部门、社会团体、私人合办福利事业，重新强调社区和家庭的作用，探索除家庭主义和国家主义双元之外的多元福利主义原则。

1978年，英国的沃尔芬德（Wolfenden）提出多元福利主义理论，主张福利应该由政府、市场和社会力量联合提供，而非由单一的政府部门完成，且福利的供应方和来源越多越好。该理论指出，市场、家庭和国家作为单独的福利提供者都存在一定的缺陷，三个部门联合起来，扬长避短，互相补充。国家提供社会福利是为了纠正“市场失灵”，而国家和市场提供社会福利是为了纠正“家庭失灵”，家庭和志愿组织提供福利是为了补偿市场和国家的失灵。

在福利多元主义理论发展的同时，2005—2009年联合国社会开发研究所（UN Research Institute for Social Development）“社会性别与开发”部门组织实施了名为“看护的政治社会经济”研究课题。该课题组基于福利多元主义思想，将“看护”（care）劳动议题引入福利研究，根据看护劳动的提供者包括家庭/亲属、市场、国家、非营利部门/社区四个部门的基本原则，课题组提出了新的福利四角，并将其命名为“看护四边形”（care diamond），如图6-1所示。“看护四边形”理论为克服传统的一元和二元福利体制所带来的供给方危机提供了新的出路，也为我国未来积极构建居家+社区养老服务体系提供了扎实的理论基础。

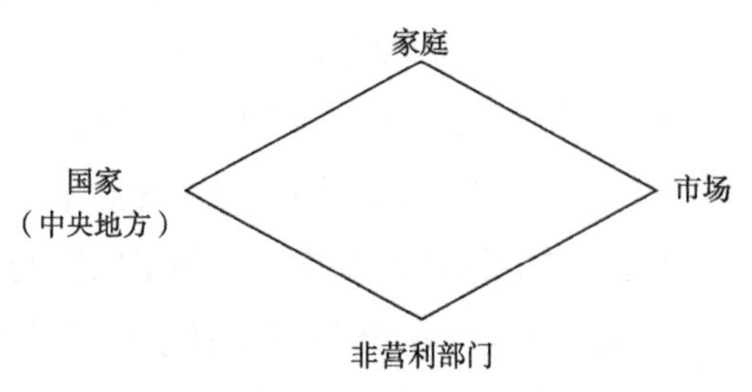

图6-1　福利多元理论示意图（自绘）

二、马斯洛需求理论（需求方）

老年人的需求是养老服务体系的核心，首先是服务要满足的对象。在微观层面的老年人需求研究中，运用最为普遍的是马斯洛（Abraham. H.Maslow）的需求层次理论（hierarchy of needs）。在1943年发表的《人的动机理论》中，马斯诺提出了经典的五层级需求划分，即“生理—安全—爱 / 归属—尊重—自我实现”五个层级，既表现了需求作为一种动机出现的顺序，也呈现出人类从生物性需求到社会性需求的等级序列。其中“生理”和“安全”的需求属于初级需求，“爱 / 归属”和“尊重”的需求属于中级需求，“自我实现”的需求则属于高级需求。马斯洛认为：“只有当低层级的需求获得满足后，才会按顺序依次产生较高层级的需求”。

各需求层级中，“生理”需求是由人的生物性中的生存型动机决定的，是最早出现和最基本的需求，如呼吸、水、食物等；“安全”需求亦取决于生存型动机，是对自身和外部安全性的需求，包括个人身体的安全健康、家庭与外部环境安全保障等的需求；“爱和归属”需求是生存型动机得到保障基础上的情感型动机，也是人的需求从生物性转向社会性的节点，包括血缘、社会关系的认同等；“尊重”需求亦出于情感型动机，是人对独立的社会角色所包含的自尊、声望以及社会地位等的需求；“自我实现”是最高层次的需求，是人被赋予社会角色后由人的能动性所产生的一种衍生型动机，如潜能发挥、自我价值实现。

三、居家社区养老服务体系的构建策略

养老服务体系的构建的基础或者根基是老年人的需求，只有全面地分析并掌握老年人的各项需求及其内涵，才能提出与之匹配的服务内容，进而基于服务内容展开相关体系的规划设计和深入分析。

根据前文中马斯洛的需求层次理论，本节设计如图 6-2 所示的需求与服务对接图，首先在作为最基本需求层级的“生理”需求方面，老年人有着对日常饮食保障的需求，而对于年龄较大、白天或者全时段独自居住的老年人来说，若无社区的帮助，他们需要独自上下楼采买食材，回家后还需对食材进行加工，以及清理餐后的餐具和厨房，身体行动能力的不便以及高边际成本的单人做饭和饭后清理活动，使得此类老年人日常饮食的需求无法高质量的满足。因此，社区内的代办服务、老年餐桌、送餐配餐及卫生清理等服务正是对此需求的积极回应。此外，对于一些失能老人，生

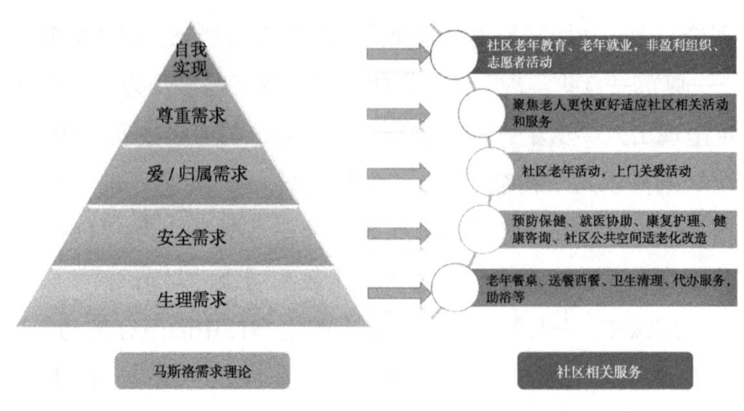

图 6-2　马斯洛需求理论及社区养老服务（自绘）

理需求甚至还包括了大小便协助、助浴等，可以通过相关人员上门专项服务，或者通过社区的日照料中心，集中完成相关活动。

老年人“安全”需求包括健康安全、行为安全和环境安全等需求：在健康安全层面的需求可以理解为老年人的看病就医需求；在行为和环境安全方面，老人行动能力和反应能力下降，在家里和社区内活动时更容易发生跌倒、碰撞，烫伤等等一系列的安全事故，因此，产生的需求是更加老年友好的社区建设，以及在发生事故时，能够及时反馈并获得帮助的服务体系或机制。由此类安全需求产生的社区养老服务包括预防保健、就医协助、康复护理、健康咨询、社区公共空间适老化改造及家庭内安全报警对接等服务。

在满足安全需求之后，更深层析的需求主要是老年人的精神需求，包括“爱/归属”的需求，来自以血缘、亲缘及地缘等构成的家庭与社会的关爱和归属。社区是地缘的重要组成部分，可以通过多种多样的社区老年活动，上门关爱活动等，与老年人交流谈心，适当地提供一些心理疏导等，让老年人感受到社区的温暖。

而在需求的第四层级“尊重”需求方面，老年人如何继续履行自身社会角色，是进行社会交往、实现社会融入和避免社会退出的重要前提。从老年人视角，对自身独立性的维护是主动获得自我尊重的途径；从外部视角，通过塑造社会尊老爱老的氛围，是被动给予老年人尊重的方式，尤其是伴随着数字经济的发展，老年人的步伐很难跟上社会进步的速度。因此，社区在举办相关活动时，可以适当聚焦让老人更快更好适应社会相关活动和服务，例如，以“帮助老年人跨越数字鸿沟”为主题的相关系列活动，营造助老护老的社区氛围。

最后在“自我实现”需求方面，作为最高层级的需求，自我实现是老年人通过主动行为去获取自我精神的满足提升，特别是对于自理能力较强的老年人来说，他们完全有能力在社区内继续发光发热，社区在此时需要给予一个平台或者舞台，通过社区内的老年大学、老年就业中心及非营利性组织等等方式，帮助老年人继续接受相关的教育，以及从事相关的工作等，正是对应自我实现需求的服务。

此外，老年人群也并不是一个同质化的群体，不同年龄阶段的老年人需求有显著差异。从年龄阶段的角度区分（低龄 60 ~ 69 岁、中龄 70 ~ 79 岁、高龄 80 岁及以上）：低龄、中龄老年人对生活照料类服务的需求较低，更倾向于上门做饭、送餐配餐等服务，而高龄老人对于部分生活照料类服务的需求很突出，特别是短期托养、室内改造、室外无障碍改造及紧急呼叫设备等；低龄老人对医疗保健类服务需求较低，中龄老人倾向于健康教育、定期体检、疾病预防、健康档案及慢性病护理类的服务，而高龄老人则更需要专业义诊、家庭病床、配药送药、上门看病、远程医疗、器具租赁和临终关怀等服务；低龄老人对社会交往平台性服务，如健身设施、老年活动室等需求较高，同时，因为低龄老年人自身行动能力高、社会交往能力强、交往渠道多元等原因，对社区层面的交往需求较低，而中龄和高龄老人因健康、交往能力及交往渠道有限，对社区层面的交往需求较高。

将老人的相关需求置于家庭中，能够衍生出以家庭内其他成员的对于老人养老的需求。以子女为代表的家庭成员是居家养老行为中除老年人之外，最重要的参与方和利益相关方。作为承担最大赡养责任的家庭成员，巨大的养老负担、尚未成熟的养老服务体系以及传统孝文化的伦理约束，使其需求表现出复杂性。

首先，由于独生子女政策加剧了家庭少子化趋势，目前，承担赡养义务的中年人群，特别是城市地区，大多是独生子女，面对一对夫妻需要同时赡养四个老人，还要承担抚养教育子女等其他家庭义务的情况，巨大的养老负担使得家庭迫切需要向社会寻求养老服务支持，包括机构养老服务和居家上门服务，这些服务更多集中在生活照料和医疗保健方面。此时，以子女为代表的家庭成员的需求表现为高质量的软件和硬件设施，以及专业化和多元化的社会养老服务。

但是，即便社会养老服务质量再好，传统家庭养老观念依然会对子女产生影响。在儒家伦理影响下，孝文化是中国传统文化的重要组成部分，既包含对待年迈父母长辈的情感和认知，也包括与之相应的照顾行为。所以，在能够承担家庭养老的负担情况下，子女往往不会选择购买养老服务，并且，向社会寻求养老帮助被认为是退而求其次的选择，依然会使子女心理上产生对父母的亏欠感，体验到较多的情感焦虑。为了补偿这种情感焦虑，子女需要跟父母保持持续的交流帮助行为，包括能够定期探望、及时补充父母日常所需及逢年过节的家庭聚会等等。此时，社区的服务网络不仅要涉及老年人本体，还要将老人的日常生活合理适当的反馈给老人的家庭。

第三节　社区 + 居家养老服务体系的构建

在明确老人所需的相关服务内容的基础上，构建社区 + 居家养老服务体系旨在将服务提供者与服务内容及服务的所需的硬件有机结合为一个整体，通过对应老人的各类需求，精细化各方的分工和责任，并在地域范围内有效合作，共同实现其服务功能的传播和扩散。

一、服务供给者的功能与责任

依据前文的福利多边形理论，养老服务的提供者 / 生产者可以被概括为四个类别，分别是政府、家庭、非营利组织和市场。由于养老服务的内容包含“居”“颐”“乐”“学”“为”五个方面，内容纷繁复杂且包罗万千，需要精细化分工，明确各类提供者在决策、开发和运营的分工与职责。图 6-3 则描绘了各个主体可能发挥的功能和作用。

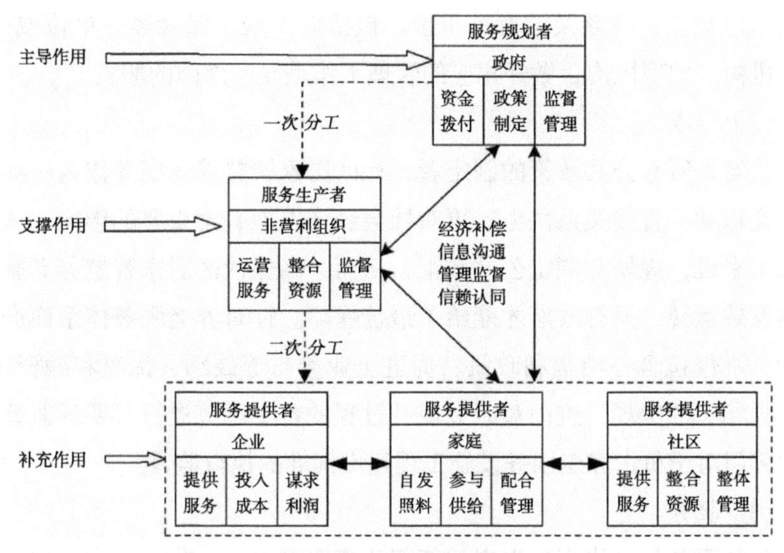

图 6-3 多元主体的功能与作用（自绘）

1. 政府的分工和责任

（1）管理

目前来说，社区居家养老服务一般由政府牵头，在社区居家智慧养老服务体系建设中，政府是多方参与者的“带头人”和“管理员”，整个体系的发展由政府进行统一的指挥和调配，其他各方要在遵从政府指挥的前提下，按照社会发展方向共建养老服务体系。

养老服务中的重点工作之一是老人的日常护理和照料，鉴于此，美国、德国和日本等发达国家早已确立了长期护理保险制度，我国也在 2016 年正式开展长护险的试点工作。在长护险出现之前，其他医疗保险的直系相关政府部门包括监管新农合的卫计委和监管城镇居民医保与城镇职工医保的人社部门。

2018 年 5 月的国家体制改革，将履行人力资源和社会保障部的城镇职工和城镇居民基本医疗保险、生育保险职责，国家卫计委的新型农村合作医疗职责，国家发改委的药品和医疗服务价格管理职责，民政部的医疗救助职责整合，组建国家医疗保障局，直属国务院。因此，长护险的试点推广是各级医保局的重点工作之一。尽管各地在推广中采取的具体政策不尽相同，但对长护险涉及的有关单位，包括但不限于保险经办单位或企业、养老机构、护理机构，做好相应的管理工作是政府部门的职责。

（2）行政

政府是所有公共政策的制定者，社区居家智慧养老服务作为一项重要的社会福利，直接关系民生，更对社会经济发展有着重要的影响。从这种意义上来说，规划和制定公共政策，从而，确保社区居家智慧养老服务体系的有效运转，只有政府才能给予最佳保障。针对养老服务体系而产生的政策，不仅包含各项福利政策、促进企业参与等鼓励、优惠和融资政策，也包含相关的法规，进而对服务展开过程的各个环节进行必要的监督，如住建部门对于负责养老服务设施工程建设标准的执行监督。

（3）服务

公共服务是现代衍生出来的新型政府职能之一，我国一直以建设服务型政府为目标，并且取得了值得肯定的成果。政府对于其他供给方和老年人并不是单纯地指导和管控，更多的是为体系的良性发展而服务，发挥其独有的调配和协调职能，帮助各主体实现资源的最优配置，如人社部门会同民政部对养老护理员的职业技能进行相关的认定和其他服务保障工作。

2. 非营利组织的职能

非营利组织的概念最早出现于20世纪80年代的美国，名为Non-Profit Organization（NPO），之后兴盛于全球。“非营利”的含义，并不是无利润，而是说这种组织的经营、运作目的不是将获取的利润用于个人分红，而是继续用于实现组织的使命。非营利组织的运作所需资金，除了来自政府、企业和个人的捐赠，也可能通过出售产品和提供服务来获得。

对于进入老龄化社会较早的日本，非营利组织的作用不可忽视。早在2002年，日本的NPO团体数量已经达到17.7万，其中，以“保健、医疗、增进社会福利”为活动内容的团体最多，法人数达到9965个。总结非营利组织在日本社会中参与社区生活的方式，可将其职能和责任概括为服务生产和运营、信息对接与地域功能扩充等几个方面。

（1）服务生产

一般来说，非营利组织的成员大多来自社区内，可以为社区内其他成员提供支援护理，帮助老人及其家属解决生活中的各种实际困难，如帮助外出办事的家属看护老人、做家务（帮助独居、行动不便或者一时患有疾病的老人购物、做饭、洗衣洗澡及换灯泡等）、车辆接送等众多养老照料服务。同时，非营利组织还可以举办各类社会文化活动，将社区内的居民不断纳入服务群体或者组织内，在有主题的活动内，老人可以学习画画、折纸、制作手工、健身，不断丰富老人的精神文化生活，满足其学习和娱乐等方面的需求。

（2）服务运营

非营利组织有着自己的内部组织制度和守则，他们有着自己的目标和活动领域，组织的牵头人会对组织内成员进行管理，包括活动领域内各项活动的筹备和总结、对成员进行培养、为成员提供保险保障以及对组织内的资金进行管理。

（3）信息对接

非营利组织所涉猎的活动范围广，人群众多，在服务的过程中，更能接触到不同的老年群体分别遇到哪些困难，因此，非营利组织可以凭借其工作过程中的经验总结，为老人和其家庭提供准确和详细的信息源与指导，如对于正在试点的长护险制度的具体内容和服务人群、服务方式进行指导，包括但不限于不同认定级别的老人能够选择什么样的服务、个人负担的费用、如何申请办理及选择何种福利设施等问题的指导。

（4）地域功能扩充

非营利组织举办各类活动需要一定的场地，而拥有特定的场地并维护涉及的租金和其他保养费用较高。一般来说，组织会与其他政府机构、养老机构或者居民进行合作，借用对方的场地来举办各类养老主题的活动，因此，在这种意义上，非营利组织对某个场所与地点的功能进行了扩充。

例如，社区内的日照料中心或者老人之家，可以为非营利组织举办活动提供包括厨房、活动大厅和多功能室等地在内的活动场所，协助非营利组织邀请社区内的老人，完成一天的老人照料与其他主题活动，如聊天、唱歌、喝茶、折纸等，而非营利组织则作为活动的策划方，提供活动方案和志愿者，共同完成老人一天的照料服务。同时，社区内的老人也可以通过活动，愉悦身心和结交朋友，共同应对生活中遇到的烦恼。

3. 市场的职能

与养老服务相关的企业最终将发展并形成养老服务行业的产业链，所谓产业链，就是同一产业或不同产业的企业，以产品为对象，以投入产出为纽带，以价值增值为导向，以满足用户需求为目标，依据特定的逻辑联系和时空布局形成的上下关联、动态的链式中间组织。产业链的上游企业可以包括养老服务器械生产制造商、养老服务人才培训机构和养老服务综合管理平台制造商；而产业链的下游则是将养老器械、管理平台和人才加以应用的企业，包括提供上门服务的机构，日托服务的机构，远程护理的机构，社区护理的机构和提供养老服务的商业保险企业。据此逻辑，可将市场的职能概括为产品与服务的设计开发、服务运营以及信息扩散等主要方面。

（1）设计开发

在养老服务过程中，涉及多种多样的器材生产，包括对老年人健康信息收集所需的器械，如血压计、血糖仪、血氧饱和仪等，以及康复器材，如步行器和踏步训练器等肌肉训练器械，还有老年人能力评估的一些相关器材，如失智评估仪、移动台阶、视力和听力测试仪器等；在软件方面，无论是在家还是在社区集中护理，老人的服务和管理需要软件服务平台的支撑，因此，市场的职能也包括此类产品的设计和开发；最后，老年人临床护理、老人能力的评估都需要专业人员，因此，需要依靠市场内的专业机构进行人才培训，市场此时的功能则是专业劳动力的生产。

（2）服务运营

有了养老服务所需的硬件、软件和专业人员，需要专业的企业和机构将生产要素进行整合，最终形成可被老年人口所使用的相关服务，并将服务有序和源源不断地传递给老人，整个过程则是市场内相关企业或机构对于养老服务的运营过程，要求企业了解并掌握运营的平台、所属行业和主营服务，把控服务的用户群体在性别，年龄，教育程度，地域及健康状况的差异，在服务的推进过程中了解老年人的喜好，根据其喜好策划相关活动，使用大数据不断分析和改进养老服务的方式等。

（3）信息扩散

养老服务市场属于新兴市场，而老年人群及其所在家庭对于新市场内的相关信息的获取能力有限，市场方则可以发挥其各方优势，把最新最准确的信息通过适当的方式传播给普通老百姓。以长护险的试点工作为例，目前全国多地的长护险项目经由医保部门交于商业保险公司办理，居民对于新型保险的了解程度参差不齐，需要市场方的相关人员深入街头巷尾入户宣传，尽可能地拓宽信息扩散的渠道，加深百姓对于国家和地方相关政策的理解。

4. 家庭的职能

相对于其他三类服务的生产者，家庭的责任和职能比较简单但包罗万千。养老服务由家庭成员直接产生，成员对于老人的服务包括了日常照料、看病就医、安全保障、日常陪伴及文娱活动安排等全方位的需求满足。然而，随着社会的发展变迁，许多年轻人离开家乡、离开父母独自生活和打拼，不再如过去三代同堂，随着社会结构的改变家庭能够提供的养老服务被不断限制；另一方面，老年人的照料对于家庭来说是更多的经济负担和精神负担，亲属对于家中老人的照料与市场不同，往往是无偿的，一旦投入到老人的照料中，意味着全天候的陪伴和原有生活、社交方式的巨大改变，且有研究表明，长期照料对于照料者的精神和健康有一定的负面影响。因此，在未来，家庭在养老服务生产中的功能可能会逐渐萎缩和被替代，特别是在经济水平较高的家庭中，亲属更愿意通过市场购买服务等方式，让专业的人员去满足老人生活照料所产生的各项需求。但不可忽略的是，老人对于亲情和亲人陪伴的需求无法被其他方替代，尽管在未来，家庭的功能可能会有所发展与变化，但家庭在满足老人的精神需求的功能很难被替代，因此，服务体系的建设应充分考虑这一因素。

在明确职责分工的基础上，本节从服务生产、服务使用和服务反馈三个模块，研发设计出养老服务体系的框架如图 6-4 所示。

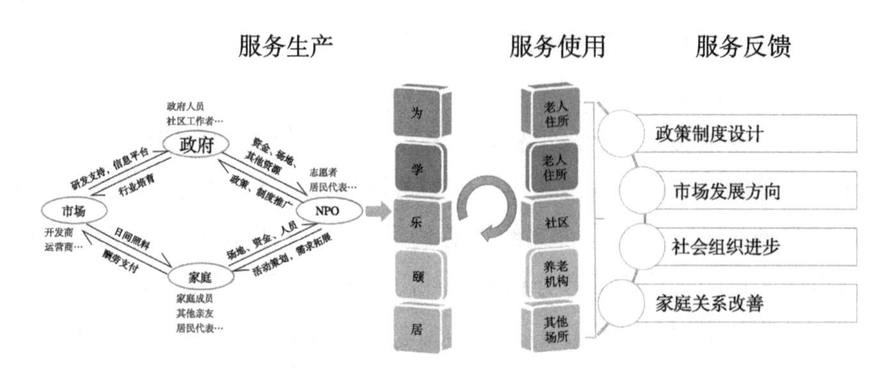

图 6-4　社区 + 居家养老服务体系（自绘）

二、服务的生产

本节的前半部分就四类服务提供者的分工与职责进行了详细的阐述，四类服务的主体在进行服务时刻并非独立的关系，养老服务体系的建设离不开各方的协同合作，具体的合作关系有五类：政府和市场的合作、政府和社会组织的合作、市场和家庭的合作、市场和社会组织的合作以及社会组织和家庭的合作。

政府和市场的合作：信息化养老服务解决的是老人选择服务的便捷性问题，以政府为主导，建立居家养老服务基础数据库，将市场方纳入数据库的开发、升级和维护，并通过信息平台，将老人的需求与市场方进行对接，是政府和市场进行有效合作的方式之一。更为重要的是，在养老服务市场发展的初期，政府需要对行业进行培育，在市场能够发挥作用的一方给予支持和鼓励，通过行业协会等方式推进行业高质量的发展。

政府和社会组织的合作：志愿服务的开展需要一定的经费，尽管志愿者不收取酬劳，但活动的组织和开展不可避免地会消耗物资，相关政府部门对此有必要进行资金支持。资金的支持不一定是现金的形式，可以对活动开展过程中，所能涉及的场地、交通及信息发布等提供减免或者补贴。

除了资金的支持，两者间也有很多直接合作的空间，如卫生和健康相关部门在推行健康保健类相关政策，旨在帮助老年人提高预防保健意识时，可以和社会组织有效合作，通过社会组织经办的活动，推广保健类的讲座、健身操活动等，合作完成双方的相关工作。

社会组织发展的难点之一是志愿服务人员的数量，也就是动员社区内有条件提供志愿服务的居民数量有限。因此，政府可以设计相关的激励举措，壮大社会组织的力量，激励的方式和方法要囊括各类志愿者群体，如针对低龄活跃老年人的时间储蓄激励，将老年人在身体健康时，为社区内居民提供的服务变为时间储蓄在管理系统内，等到老年人无法照料自己的生活时，可以通过系统支取相关服务；再如针对学生的学分和奖学金激励方式等。

市场和家庭的合作：家庭和市场的合作主要体现在老年人的照料和护理方面的需求，很多家庭内的成员需要工作。因此，在工作时间可以考虑从市场上招聘保姆和护工，对老年人进行照料，在下班后，子女可以接手照料老人；另外，随着信息科技的不断进步以及智慧养老产品和场景应用的不断发展，家庭可以选择市场上研发的智慧养老产品，帮助并降低对于老人照料的难度与时长，提高老人的安全保障，此外，家庭在使用产品时，能够提供各类反馈，市场方则能够充分运用反馈的内容，不断地对其研发的产品或者平台进行改善。

社会组织和家庭的合作：社会组织中的志愿者往往来自社区内的家庭，家庭可以通过提供服务场地，帮助社会组织举办小型的活动（茶话会），这种小规模的活动成本较低，且次数更为频繁。一方面，社会组织通过这种低成本的小型活动，可以更好地发现居民的个体需求并迅速应对；另一方面，行动不便的老人、家务缠身的年轻母亲和在家护理病人的家属更容易接受此类交流的方式和场所。通过社会组织和家庭的合作，可以增进社区的邻里关系，在社区中建立一种疏而不漏的都市交往关系。同时，小型活动的举办也是一种渠道，帮助社会组织不断壮大其志愿者服务的队伍。

三、服务使用

（1）老人住所：居家养老服务体系的核心是老人在家便能享受到养老服务，因此，老人的住所是服务体系内最重要的场所之一。

（2）志愿者住所：一些小型的茶话会活动也可以选在志愿者的住所展开，居民通过喝茶聊天的方式，把服务者与被服务者有效结合，不断探索并满足老人的个体养老需求。

（3）社区服务中心，老人之家，养老机构等：在服务资源有限的情况下，社区的服务中心和老人之家可为老人集中提供照料服务，在举办相关活动丰富老人的精神文化生活时，也可以在这些场所的多功能室、老人活动室展开。

（4）其他场所：一些活动，如健身操，出门远足等，所涉及的场所范围更加的多样，可以是周围的公园，也可以是较远的旅游场所，对于身体残疾、独居的老人来说，走出家门和接触大自然更显得遥不可及，而规划合理的远足活动不仅是满足老人的精神需求，也可能是老人多年的梦想和追求。

四、服务反馈

当服务从生产到被使用后，还需关注服务内容的反馈，从而不断完善和更新服务体系。

1. 政策制度的顶层设计

日本早在 2000 年全面实行了长期护理保险制度，当年，全国的护理保险给付额就已经达到了 3.6 兆日元，到 2004 年则达到了 6.8 兆日元，为了控制护理保险的费用和保证制度的可持续发展，日本政府在 2006 年 4 月实行了修正案，积极谋求向重视预防疾病的体系转换。同理，长护险未来在我国的全面实行，也是对国家财政的较大考验。在社会组织和市场方共同参与居家养老服务的过程中，需要不断地了解长护险的人群与受众以及使用情况，并据此不断修改和完善相关制度的设计，保证其有效地作用于服务体系。

2. 市场的运行和发展

前文详细论述了市场的职能和责任，居家养老服务体系的推进和发展最终是要形成一个良性竞争，循环向上的系统。一方面，社会组织因其志愿者的角色，更加地亲民，从而对于老人复杂的需求和心理特征有着更深层的把握。因此，市场方可以通过社会组织在日常活动中积累的人脉和资源，正确、高效而科学地了解社区内老人的养老需求，不断调整其生产的产品和服务，更好地匹配老人和其家庭的需求，完成市场的渗透。另一方面，政府的相关部门对于民生的把握也较为全面，相关信息可以通过适当的方式传递给企业，引导企业在居家养老服务的发展方向。

3. 家庭关系的改善

老人在养老期间的身体状况难以预测，尤其是当老人出现突发疾病需要被护理和照料时，会极大地改变家庭内的每个成员的生活方式和工作方式。一方面，对于在外工作不能随时照看老人的子女来说，面临着多重艰难抉择，是否要放弃原有工作回到老家全身心投入于老人的照料，或是将老人接到自己所在城市照料，又或是无法放弃工作也无法将老人接到身边照顾、只能依赖其他方的帮助与支持，都对老人的子女是一个挑战。此时，老人所在的地区能够提供的服务的种类、质量，老人所在社区有无志愿者组织的帮助等，都会影响子女的决定，而服务体系的不断完善不仅可以在未来让子女的选择增加，也可以适当地减缓照料老人所带来的负面精神压力和健康的透支。另一方面，对于被照料老人的配偶来说，政府、社区和志愿者所能提供的服务和帮助更显重要，因为，其不仅能够缓解配偶的看护强度，而且能够通过多元化的服务活动，将配偶纳为被关注的对象，通过多元化的项目与活动，放松其身心，使被照料者的配偶能更好地适应并投入到新的生活中。

4. 社会组织的进步

根据日本养老服务体系的研究，社会组织在体系内所能发挥的作用和功能正在与日俱增，而其功能的拓展离不开社会组织参与社区养老服务后得到的服务反馈。以日本野川地区的社会组织为例，在服务过程中，社会组织的成员发现老人和家庭对于日本的长期护理保险制度的了解不够全面，导致其在应用中存在多种问题，在出现问题时，又缺乏具体的指南，因此，民间的社会组织自发牵头，联系对接各个部门，包括出版印刷及资金支持等相关部门，出版发行了名为“Touch”的看护服务指南。刊物的发行与不断改版更新，以及读者群体和受众的扩增，使得野川的福利组织从单一的社区内走了出来，视角开始面向社区所在的行政区、城市乃至全国，为社区层面的福利建设做出了突出的贡献。

总的来说，居家养老服务体系的构建，需要把服务体系内的每个人员和服务的场地有效地结合起来，通过各方力量，综合并汇总老年人的各种需求，产生相关的服务，不断地将情况各异的老年人逐步纳入服务体系，逐渐形成一个网络。而网络则将继续基于自助、互助、共助和公助的原则，从宏观和微观层面形成体系内每个相关人员和组织机构有效对接的具体方案，通过对方案实施过程的合理监督与成果反馈，不断解决网络中存在的问题和缺陷，在日益友善的邻里关系下共建新时代的新社区。

本章主要参考文献

[1] 边恕，黎蕭娴，孙雅娜 . 社会养老服务供需失衡问题分析与政策改进 [J]. 社会保障研究，2016（3）: 23-31.

[2] 陈竞 . 日本城市老龄化社区建设和服务体系构建 [M]. 世界图书出版广东有限公司，2020.

[3] 丁志宏，曲嘉瑶 . 中国社区居家养老服务均等化研究——基于有照料需求老年人的分析 [J]. 人口学刊，2019，41（2）: 87-99.

[4] 杜孝珍，袁乃佳 . 结构功能主义视域下日本地域综合照护服务体系与我国综合互助养老模式的优化 [J]. 上海行政学院学报，2021，22（3）: 72-84.

[5] 郭佩 . 日本养老看护服务体系的重构——以“看护四边形”理论为视角 [J]. 东北亚学刊，2019（6）：111-121，151.

[6] 韩非，罗仁朝 . 基于可达性测度的城市社区居家养老服务供需匹配研究——以南京为例 [J]. 经济地理，2020（9）：91-101.

[7] 胡业飞，崔杨杨 . 模糊政策的政策执行研究——以中国社会化养老政策为例 [J]. 公共管理学报，2015，12（2）：93-105，157.

[8] 胡湛，彭希哲 . 应对中国人口老龄化的治理选择 [J]. 中国社会科学，2018（12）：134-155，202.

[9] 黄春滚 . 我国养老社会化发展需求端策略探讨 [J]. 特区经济，2019（4）：46-51.

[10] 姜玉贞 . 社会养老服务多元主体治理模型建构与分析——基于扎根理论的探索性研究 [J]. 理论学刊，2019（2）：143-151.

[11] 刘惠音 . 城市社区居家养老服务的现状与对策研究——以哈尔滨市为例 [J]. 上海城市管理，2018，27（5）：34-38.

[12] 罗经纬 . 社区居家智慧养老服务中的政府责任研究 [D]. 长春工业大学，2018.

[13] 马香媛，刘子含，黄鹤 . 合作配置活动理论视角下的居家养老模式探析——杭州养老社区的调查 [J]. 浙江社会科学，2021（4）：81-88，158.

[14] 杨静 . 日本儿童看护劳动社会化进程中各部门分担比例测算及影响因素分析 [D]. 北京外国语大学，2015.

[15] 杨晓冬，李慧莉，张家玉 . 供需匹配视角下城市社区居家养老模式的实施对策 [J]. 城市问题，2020，（9）：43-50.

[16] 周维宏 . 社会福利政策的新基本原则：“看护四边形理论”及其研究课题 [J]. 社会政策研究，2016（1）：111-126.

[17] Campbell N. Designing for social needs to support aging in place within continuing care retirement communities [J]. Journal of Housing and the Built Environment，2015，30（4）：645-665.

[18] Caswell G，Pollock K，Harwood R，et al. Communication between family carers and health professionals about end-of-life care for older people in the acute hospital setting：a qualitative study[J]. BMC palliative care，2015，14（1）：35.

[19] Dykeman C S，Markle-Reid M F，Boratto L J et al. Community service provider perceptions of implementing older adult fall prevention in Ontario，Canada：a qualitative study [J]. BMC Geriatrics，2018，18（1）：34.

[20] Fu Y Y，Chui E W T. Determinants of patterns of need for home and community-based care services among community-dwelling older people in urban China：The role of living arrangement and filial piety [J]. Journal of Applied Gerontology，2020，39(7).

[21] Ishikawa N，Fukushige M. Dissatisfaction with dwelling environments in an aging society：an empirical analysis of the Kanto area in Japan [J]. Review of Urban &

Regional Development Studies, 2015, 27 (3): 149-176.

[22] Kong D, Li M, Wong Y I, et al. Correlates of emergency department service utilization among US Chinese older adults [J]. Journal of Immigrant and Minority Health, 2019, 21 (5).

[23] Kyu H H, Abate D, Abate K H, et al. Global, regional, and national disability-adjusted life-years (DALYs) for 359 diseases and injuries and healthy life expectancy (HALE) for 195 countries and territories, 1990—2017: a systematic analysis for the Global Burden of Disease Study 2017 [J]. The Lancet, 2018, 392 (10159).

[24] Van Eenoo L, Declercq A, Onder G et al. Substantial between-country differences in organising community care for older people in Europe—a review [J]. The European Journal of Public Health, 2016, 26 (2): 213-219.

[25] Weathers E, O' Caoimh R, Cornally N, et al. Advance care planning: A systematic review of randomised controlled trials conducted with older adults[J]. Maturitas, 2016, 91: 101-109.

[26] Zeng Y, Feng Q, Hesketh T, et al. Survival disabilities in activities of daily living, and physical and cognitive functioning among the oldest-old in China: a cohort study [J]. The Lancet, 2017, 389 (10079).

案例分析

第一节 信息化系统相关案例分析

推进人居环境的适老化改造是将老年人需求和人文关怀融入适老化改造设计理念的重要工作，在改造过程中，不仅要保证养老公共设施、居住场所达到设计标准，还需要保障适老化信息服务系统满足老年人日常生活和社会交往需要。随着老龄化程度加深，我国养老产业、养老设施的服务能力和质量有待提高，在“十四五”开局之年，推动“互联网+”智慧养老模式将是大势所趋。

智慧养老云平台通常指综合运用物联网、互联网、移动互联网技术、智能呼叫、云技术及GPS技术等先进信息技术，创建形成“系统+服务+老人+终端”的智慧养老服务模式，同时，涵盖了机构养老、居家养老及社区日间照料等多种养老形式，本书主要关注智慧养老系统在居家养老模式中的应用。智慧养老系统通过跨终端的数据互联互通，对居家老人的身体状态、安全情况、日常活动进行有效监控，及时满足老人在生活、健康、安全、娱乐、出行等多方面需求。因此，本章节将结合几种已经投入使用并获得良好成效的适老化信息服务平台案例进行分析，从平台的架构、内容、功能、案例、应用场景等方面具体阐释。

一、智慧养老云平台

智慧平台提供一站式的物业和养老服务解决方案，深度融合物业管理、养老服务、智能化应用、数据大屏等新技术，开发智慧物业服务和养老服务综合管理平台系统应对在物业企业运营管理模式下的居家社区养老场景，“物业+养老”服务模式主要包括物业服务、社区养老、居家养老及医养结合等内容。

1. 运营架构

传统的智慧居家养老模式受制于服务成本高、物资供应难及人才稀缺等限制因素难以实现良性盈利循环的独立经营，在某种程度上，使得我国社区居家养老服务市场仍然是以政府补贴为支撑的政策性市场，而非商业化市场。智慧养老平台统筹多种服务模式，促进平台多方主体的协同合作，充分利用并发挥物业资源的商业价值，涉及角色主要包括物业公司、养老服务中心、服务对象、社区管家、服务来源、志愿者、医疗机构及政府监管部门等，在智慧养老平台的技术支撑和服务保障下，各方主体任务分工明确。

（1）物业公司

传统的养老服务模式需要养老服务产品提供者入驻社区或成立某城市片区服务管理公司，而基于物业的居家养老服务模式将由物业公司提供场地，政府购买（或政府和居民共同购买）社工服务与物业公司联合管理运营，为社区的老人提供日间照料、居家上门等服务。此外，物业公司拥有保洁、维修等专业化队伍，有能力整合社区房屋资源以建立养老配套设施，物业管理人员对住户的老人情况了解透彻，便于养老服务管理。

（2）养老服务中心

物业公司整合社区的物业用房、活动用房、运动场及娱乐中心等配套设施，建立成综合的养老服务中心，扩大社区养老设施供给，有效地解决了社区养老用房难的问题。

（3）服务对象

服务对象包括被服务者、服务购买者以及其他利益相关者，主要包括需要居家养老的老人、购买服务产品并实时监督控制的亲属和受社区养老服务影响的居民。

（4）社区管家

社区管家一般结合了社区物业管理的信息发布流程和移动公司的短信通道，为住户提供了及时的物业信息服务、在线互动服务等多项功能。

（5）服务来源

社区养老服务提供者一般为服务商家和服务人员，服务商家提供家政便民、康复疗养、旅游养生、老年教育以及适老化产品等服务内容；服务人员一般指提供家政保洁、陪护、医疗、护理及保健等服务产品的工作群体。

（6）志愿者

传统的养老服务主要依靠养老机构的工作人员，社会公众参与度低，造成人力、物力资源的浪费，随着《国务院办公厅关于推进养老服务发展的意见》的发布，提出大力培养养老志愿者队伍，加快建立志愿服务记录制度，积极探索"学生社区志愿服务计学分""时间银行"等做法，通过志愿者的积极参与，减轻社会养老机构负担。一般志愿者来源为学生、青年等。

（7）医疗机构

与医疗机构合作，实现老人身体健康状况智能化监测预警，当老人出现紧急情况时，将老人以最短的时间送往医院救治。此外，还将提供上门护理服务等，使老人足不出户即可享受保健按摩、康复调理等医疗服务。

（8）政府监管

政府由扶持行业的角色转变为监管行业的角色，平台的运营、数据维护等工作受政府部门监督管理。

服务模式架构如图 7-1 所示。

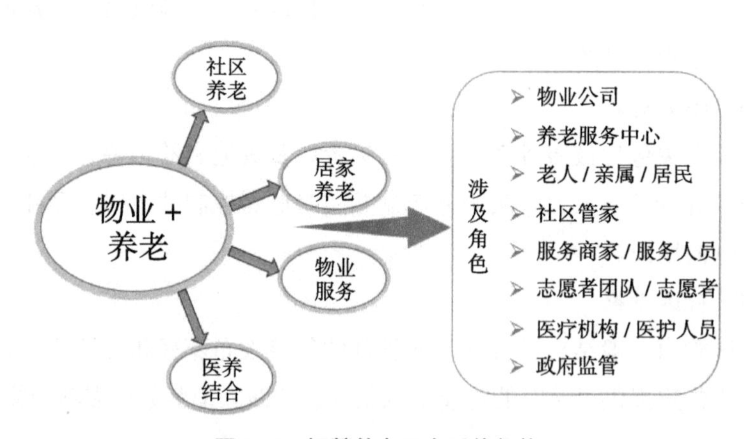

图 7-1　智慧养老平台系统架构

2. 系统概述

智慧养老云平台主要由后台管理系统、前端应用系统、物联网端及移动互联网端组成。其中，后台管理系统包括综合管理平台、居家养老平台、物业管理平台、社区服务中心、健康管理平台及服务商管理后台；前端应用系统包括中控平台、大数据分析中心、呼叫中心及门户网站等；移动端主要指服务人员、服务商、用户、监护人及医护人员使用的移动端 App；物联网包含智能监控设备、健康管理设备等，通过 5G、Wi-Fi 等技术实现数据的互联共享。此外，该系统还有许多数据层面的系统特征：

（1）功能全面，操作简单，界面友好

基于 B/S 架构的系统界面中功能全面，同时具有手机端和微信端应用，操作简单且符合一般老年人的使用习惯。

（2）良好的硬件拓展能力

可以对接多种类型的终端产品，包括一键呼叫器、老人手机、健康监测设备、安防设备、可穿戴设备及人脸识别装置等多类别多型号的物联网产品，满足各类养老人群的个性化需求。

（3）稳定性、开放性和拓展性

智慧养老系统采用 MVC 框架，根据 MVC 的中间件规范进行产品开发，在数据交换和数据导出上支持 XML 标准，具备很好的灵活性、开放性、扩展性和二次开发能力，能够高效地拓展智慧养老系统的功能模块及系统的兼容性。

（4）先进的呼叫中心技术

呼叫中心采用 IMS 技术和软电话技术，部署安装快捷、成本低、故障率低且支持分布式部署，可以覆盖全社区各个分支部门。

（5）大数据统计分析

智慧养老平台运营过程中收集数据并生成报表分析，为管理决策提供依据并形成数据资产。

（6）感知决策一体化

智慧养老平台能够实现老人生理感知、生活环境感知、位置感知、活动感知等功能，配合在线协同的决策支持系统实现面向居家老人的全方位养老服务资源监管与调配。

智慧养老平台系统架构如图 7-2 所示。

物联网端负责监测不同社会情景下的老年人居家、健康、预警及生活等相关信息，利用适老化物联网系统或产品实时采集数据并通过数据通信技术传输给后台，构建可拓展、开放式的集成数据平台，采用 Spark 等分布式计算框架，结合区块链技术加密底层数据保障数据安全。

后台管理系统负责接收、处理与分析物联网端提供的监测信息，结合多源异构技术对文本、数字、视频及音频等信息进行清洗、转化、归一和计算分析，利用专业技术提取老年人健康状况信息、生活生理需求等结构化数据，实现养老风险预评估、突发状况快速响应的适老化服务机制，最后将已处理信息传送给前端平台。

前端系统将大数据分析结果进行展示，同时辅助社区养老服务商家和人员，提前对老人生活中可能出现的各种状况提前做好应急预案和处理措施，在整个养老服务系统中，处于承上启下的作用，能够实现应用的功能化、模块化，前端系统同时向管理人员和用户提供可视化管理界面与 APP 终端。

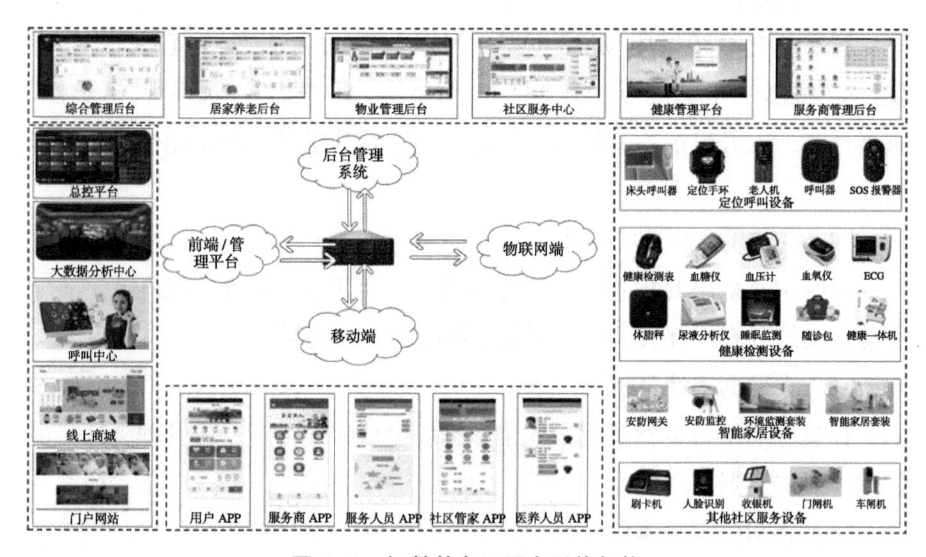

图 7-2　智慧养老云平台系统架构

3. 功能描述

智慧养老平台由多种系统构成，而针对适老化社区改造的信息系统主要由智慧物业子系统、智慧居家养老管理子系统及健康管理子系统构成。

（1）智慧居家养老系统

智慧居家养老系统由运营管理子系统、通信管理子系统、呼叫中心子系统、社区服务中心子系统、服务商子系统、志愿者子系统、政府监控子系统、远程健康检测子系统、居家安防子系统、用户和亲属自助平台及 APP 移动客户端组成。智慧居家养老系统运营管理平台主要由八种模块组成，如表 7-1 所示。智慧养老信息化平台运营管理系统界面如图 7-3 所示。

智慧居家养老系统运营管理平台主要模块 **表 7-1**

主要模块名称	主要功能
基础数据信息	社区管理、服务商管理、医院管理、员工管理、医生管理、设备管理
老人档案管理	基本资料、亲属信息、健康档案、就诊记录、体检记录、用药信息、兴趣爱好、发卡管理
信息互动	短信模板、短信群发、通知公告、通信录管理、知识库管理
健康管理	健康数据、评估记录、随访记录、预警记录、体检记录、就诊记录
统计分析	老人统计、人员统计、工单统计、设备统计、商品统计、工作量统计
定位管理	实时定位、历史轨迹、电子围栏
居家安全	报警信息、布撤防管理、视频监控
结算管理	佣金结算报表、服务卡结算、商城结算

智慧居家养老服务平台主要功能如下：

①档案管理：将老人的个人信息、家属信息、健康状况、兴趣爱好等信息归集档案并进行动态统一管理。

② SOS 定位：老人可以使用智能通讯终端一键拨打服务热线进行求助，智慧居家养老服务平台可以迅速获取老人所在位置并及时向亲属、管理员、志愿者发放求助通知。

图 7-3 综合后台管理功能

（图片来源：社村通平台界面 http://www.shecuntong.cn/）

③生活服务工单：平台根据老人的需求类别选择相应的服务商，生成工单后自动派单，同时，系统以短信的形式通知商家。

④呼叫中心：采用软电话技术，向用户提供廉价可靠、良好通话质量的语音服务，具有普通移动电话的所有功能，方便后台管理与客服服务，呼叫中心管理平台见图 7-4。

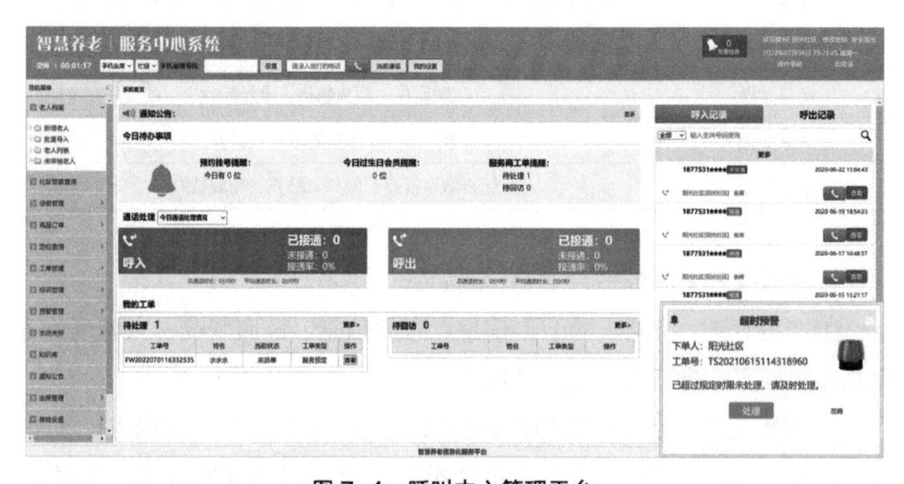

图 7-4 呼叫中心管理平台

（图片来源：社村通平台界面 http://www.shecuntong.cn/）

⑤商家管理：包括服务信息、服务项目、服务人员管理，商家服务工单的收发都可由移动端 APP 完成。

⑥居家安全：借助物联网（IoT）对接烟雾传感器、红外传感器、摄像头、浸水传感器等，一旦检测出现异常情况，即自动向社区和监护人报警。

⑦实时健康检测：利用智能健康监测设备自动测量健康参数，数据通过网络上传管理平台，经过分析后输出监测结果，如果出现异常情况，将自动报送管理员、合作医护平台及监护人。

⑧主动关怀：系统自动编辑群发短信，将天气、保健护理、疾病预防、养老政策及吃药提醒等内容通过文字或语音的形式推送到老人手持智能设备。

⑨用户自助管理：用户可以通过 WEB 或 APP 界面获取多种功能，例如，老人监护人可以通过用户自助平台网页端实现对老人综合状况的监视（如图 7-5 所示），老人、管理人员可以通过移动端 APP 使用智慧养老平台相关功能，如餐饮预订、工单收发、医疗服务等。

图 7-5 用户自助管理中心

（图片来源：社村通平台界面）

图 7-6　用户管理中心移动端 APP

（图片来源：社村通平台界面 http：//www.shecuntong.cn/）

（2）智慧物业管理系统

随着现代社区规模逐渐扩大，同时，居家养老的需求急剧膨胀，智慧物业管理平台将在互联网、IoT、大数据等基础上提供信息化、主动式、智能化的物业管理服务，有效配合智慧居家养老子系统满足多元化、商业化的养老物业服务需求。智慧物业管理子系统由以下六种主要模块构成，见表 7-2。

智慧物业管理平台主要模块　　表 7-2

主要模块名称	主要功能
基本信息	房产信息、车位信息、住户信息、员工信息
收费管理	物业收费项目、缴费、待缴明细、账单查询、明细查询、财务状况汇总
工单管理	维修项目、维修人员管理、工单收发、设备管理、设施维护管理
场地管理	场地信息、场地安排、场地订单、场地维护
物资管理	采购管理、出入库管理、仓库管理、供应链管理
保洁绿化	员工管理、保洁计划
安保消防	报警管理、消防设备管理、智能物联设备、安保计划
数据管理	收发数据汇总、物联数据汇总、设备数据总控大屏
社区信息	通讯平台、呼叫中心、公告通知

智慧物业管理基本功能如下：

①物业报修：业主线上提交保修工单后系统自动派单给相关员工处理。

②智能抄表缴费：计费表自动记录并上传后台，即时形成未缴费账单并且能够自助缴费。

③智能巡更：后台管理系统自动设计巡更路线并分配给相应员工，在移动端APP自动形成巡更计划。

④智能物联：利用IoT技术实现社区的智能安防，如在进入小区时，需通过刷脸门禁，车辆出入需办理非接触式通行卡（NFC技术）。

⑤可视化大数据：系统收集人工录入数据和物联网自动记录数据并以数据大屏形式展示，如图7-7所示。

图7-7　智慧物业管理平台数据大屏

（图片来源：社村通平台界面，考虑放图：http：//www.shecuntong.cn/property）

⑥物业后台管理：结合智慧物业管理系统各模块功能实现基于WEB平台的资料管理、数据管理、物资管理、安防管理、停车管理等，解决物业后勤管理混乱问题。

⑦移动端 APP：业主可以使用移动端 APP 实现在线报修、缴费、快递预约、老年活动场馆预订等功能。

（3）健康管理子系统

健康管理子系统包含护理、医疗、餐饮等主要功能。适老化社区中老年人居家养老容易造成“医养分离”等弊端，同时，老年人对医疗资源的需求大，根据世界银行预测，到 2030 年人口老龄化将使我们国家的慢病负担增长 40%，老年人对医疗资源的需求大，因此，将医疗服务和养老服务有机结合能够有效应对老龄人口医养分离的问题。

“医养结合”是医疗资源与养老资源有效整合，实现社会资源利用最大化。其中，医疗方面包括医疗服务、医疗咨询服务、健康检查服务、疾病诊治服务、护理服务及慢性病管理服务等；养老方面包括接待管理、健康饮食管理、护理安排、精神心理服务、生活照看服务及文化活动服务等，将养老、养生、医疗资源整合形成健康管理体系，配合智慧养老云平台形成完善的居家养老模式，健康管理体系模块如图 7-8 所示。

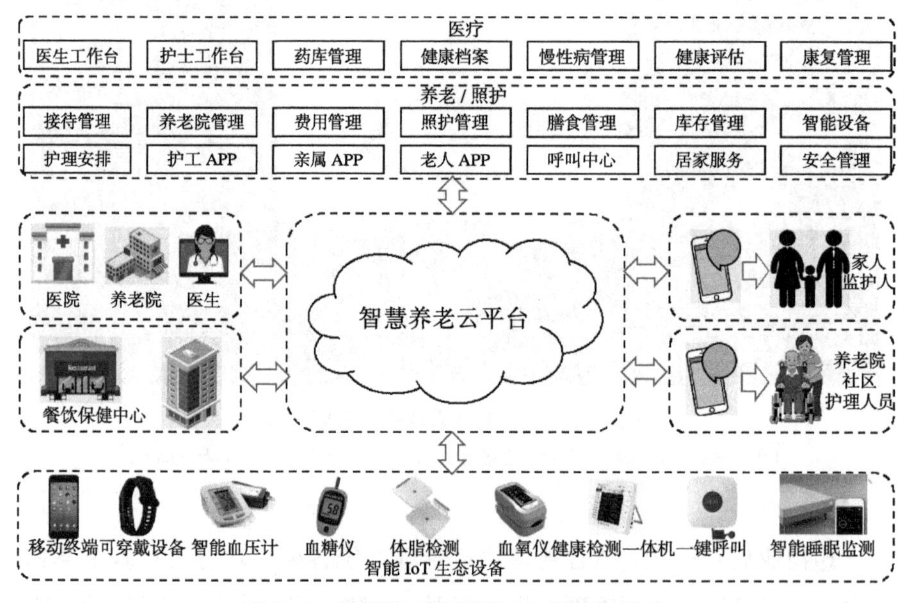

图 7-8　智慧健康管理平台主要功能模块

智慧健康管理平台医疗模块主要功能如下：

①医生工作站：帮助医生高效、规范地服务长者，大幅度提高诊断治疗质量，减少医生的程序化工作量，提高工作针对性，医生工作站的主要功能还有医生信息管理、电子病历、医嘱管理、护理查询及排班管理。

②护士工作站：帮助护士准确按时完成护理老人任务及病号床位管理等工作，其他功能包括：护士管理、医嘱管理、护理记录及排班管理。

③药库管理：实现数字化药库管理方式和药品调配，与医嘱管理系统关联，实现药品自动结存，其他功能包括：药品字典、用药设置、药品采购管理、进出库管理、用药登记及药品盘点。

④健康档案：使用规范化、体系化、编码化健康档案管理方式，通过对接海量健康设备，实现基于SAAS的自动实时传送数据，方便医生、护士随时查阅老年人健康数据。其他功能模块包括：老年基本信息、动态健康数据、健康分析报告及体质素质。

⑤慢性病管理：为患有慢性病的长者进行个人健康数据长期跟踪，形成疾病风险评估报告，针对每位长者给出个性化健康指导意见，其他功能包括：慢性病专项档案管理、健康干预方案、健康随访及医疗咨询。

⑥评估管理：参照国家标准为长者能力进行评估，形成风险评估指导报告，便于养老机构为老人提供精准护理医疗服务，包括生活能力评估、健康评估及风险评估。

⑦康复疗养管理：为进行康复的老年人自动制定训练计划，其他功能包括：康复状况与计划、康复质量报告。

智慧健康管理平台养老模块主要功能如下：

①接待管理：实现社区养老院所来访登记、床位预约等功能，提供床位登记、床位住退管理，查看长者对养老院评价等，其他功能包括：咨询登记、入住登记、预约登记及住退管理。

②养老院管理：养老院中按照老年人护理登记进行护理安排、床位更换等工作，主要功能包括：护理等级评定、餐饮计划、床位更换、生活自理评估及事项登记编码管理。

③费用管理：老年人医疗费用查询、账单查询，具体功能包括：账户管理、缴费管理、押金管理、费用调整及交欠费登记。

④照护管理：满足老年人短期、长期护理服务需求，通过对老年人的定时健康体检评估其身体健康水平，进而制定个性化照护服务，记录长者在医院期间享受的照护服务项目，主要功能包括：护工管理、护理级别设置、护理项目管理及护工管理。

⑤健康饮食管理：为养老机构提供科学全面的餐饮服务、按照医嘱以及禁忌安排健康饮食计划，主要功能包括：自助点餐、食物管理、食谱管理及送餐管理。

⑥库存管理：提供养老服务机构物资进出库、物资盘查、物资调度、库存大数据、供应商管理及库存盘点等。

⑦一卡通与智能设备：一卡通功能与智能设备支持能够有效解决养老服务机构管理繁琐与复杂的现实问题，将安保门禁、老人定位、购物及餐饮等集成在一卡通中，将物联网设备与包含老人身份信息的一卡通绑定，实现数据传输和跟踪监控，主要功能包括一卡通消费餐饮、实时健康数据跟踪（如睡眠跟踪）、健康数据分析与预警、安全报警。

⑧护工、亲属 APP：护工 APP 为护理工人提供护理计划安排、巡查访谈、老人信息查看及护理机构运管平台对接等功能；亲属 APP 为老人和家属提供线上关爱平台，方便查看老人护理计划、身体健康情况、日常活动、消费记录及实时监控等内容，方便预约服务和充值缴费。

⑨居家服务管理：该模块包含居家服务和呼叫中心服务。前者主要面向居家养老的老人，为需要居家上门服务的老人统一管理资料，支持通过呼叫中心获得服务，同时，支持老人自助预订服务、服务跟踪查询及紧急救助等；后者主要面向养老服务供给单位，实现工单派发、呼叫转接、三方通话、电话 / 视频会议及语音信箱等功能。

⑩安全管理：通过对老人端的手持定位设备实时监控、电子围栏及轨迹追踪等技术的实施，实现老人动态监管功能，同时，手持终端 / 可穿戴终端可以实现摔倒自动报警等功能。

二、应用场景

依据政策导向，我国 90% 的老年人都将居家养老，7% 左右的老年人依托社区支持养老，3% 的老年人入住养老机构，形成“9073”的格局。而不同养老状况的老年人需要服务类型存在差异，总体可归纳为健康管理服务、家庭医生服务、上门医疗服务及医养结合服务等，因此适老化信息系统的适用重点应当为居家和社区医疗、养护结合项目。

从当前的社会现象与相关论文研究中可以发现，当前社会养老资源分配不均，养老资源供给与老年人需求不匹配。因此，为了实现全社会资源共建共享，在智慧养老信息化系统的基础上，将已有社区进行空间改造规划、服务模式更新、信息共享设计是解决这类失衡问题的重要手段之一，也是信息化系统的重要应用途径。智慧社区导向下的已有社区改造方式归纳如下：

（1）已有社区空间改造规划

现有已建成社区的空间改造规划是指在分析老年人的生活规律基础上，以同时满足老年人和普通居民共同生活为落脚点，进行公共空间的布局规划与设计，建立涵盖多元功能的社区共享平台，为智慧养老信息系统落地提供物理空间支持。

（2）已有社区服务模式更新

社区的资源共享机制完善需要依靠基于空间改造规划的网格化服务管理体系，社区功能应当满足老年人的生活需要，包括商业、护理、医疗、洗衣、餐饮、娱乐及健康等。当前社区普遍存在服务种类匮乏、服务水平缺乏深度等问题，因此，构建全方位、多元化的社区服务模式将有效促进以社区为中心的服务范围的延伸与辐射，提升老年居民的社区服务参与能力与社区认同感。此外，多元化的社区服务模式更新将产生良性循环效应——促进公共服务的产生与集聚，形成“同心圆式”的服务层次，充分发挥已有社区的公共价值。

（3）已有社区信息共享设计

已建成社区智能化养老服务需要保证公共资源信息的不断更新，要求在已有社区中完善信息共享机制，建立如网站、平台、客户端及公告栏等信息介质，设置各个服务项目信息维护管理人员组织架构，完善信息交换标准，使信息共享与社区空间、服务体系配套。适老化社区依托信息技术的发展，从老年用户实际需求角度出发，系统性、体系化地融合服务、信息、空间，设计简单方便的交互界面，提供基于已有社区的医疗、养老、社区、物业的智慧养老服务。

三、应用案例

1. 武汉市武泰闸社区适老化信息系统改造案例

武泰闸社区是20世纪80年代左右建成的老旧社区，地处武汉市武昌区和洪山区交界处，整体情况复杂。武泰闸社区占地约0.8平方公里，位于老城区、平房较多、人口流动量大，社区总户数4412户，总人口数10472人，老年人口（65岁以上）比例约为18%且女性老人偏多，老年人口主要分布在社区西南部，集中于巡司河沿岸的旧工厂宿舍以及还建小区——伟业佳苑，社区经营机构种类与数量繁多，包括购物、餐饮及医疗等，其服务范围符合居民出行距离期望。

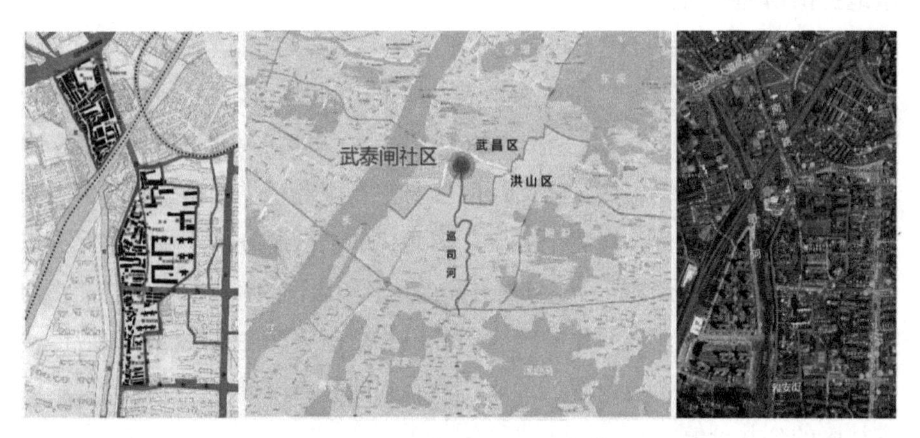

图7-9　武泰闸社区地理区位

（图片来源：智慧社区目标导向下老旧社区适老化改造研究）

根据武泰闸社区老年人群的生理、心理及生活等方面的需求，归纳出了智慧服务体系构建过程中包含的年龄层、需求板块以及服务项目等内容，同时，根据武泰闸社区用地特征并结合物流仓储用地特点、服务半径等要素，确定了该社区的适老化改造服务体系，如图 7-10 所示。

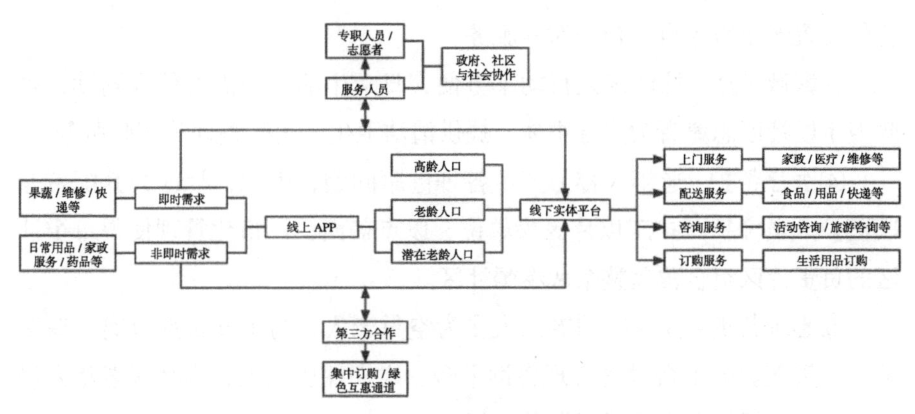

图 7-10 适老化改造服务体系

武泰闸社区适老化信息系统改造的步骤为社区空间优化配置、智慧服务改造、智能信息共享体系设计与整合，具体内容分别对应于社区服务平台选址及建设、智慧服务平台的人员安排与功能配置及适老化改造信息系统终端界面设计等。其中，智能化信息系统的相关配置内容如下：

（1）智慧服务改造

社区智慧系统服务人员配置方面主要有以下要求：

①管理服务部门：负责智慧养老服务平台的运营管理和相关企业的协同跟进。

②柜台服务部门：订单接受、分配与整理、归档、售后服务及投诉处理等。

③配送管理部门：负责货物配送、家政服务及快递邮件寄收代理等。

④技术维护部门：主要负责平台 APP 维护和其他相关网络平台的交涉、联系等。

服务功能整合情况如下：

①超市百货：平台自身具有部分超市服务功能，经营社区居民生活必备物品；其他商品由平台负责统计需求并团购配送，最大可能地服务社区居民。

②快递邮寄：部分老人不清楚现代快递服务流程，由平台与物流公司合作设置老年服务点进行一对一服务。

③家政卫生：社区老人行动不方便，日常生活方面需要他人辅助，家政卫生以社区志愿者为服务主体，提供清洁卫生、房间整理等家政服务。

④医疗帮护：老年人容易产生各种健康问题，因此，社区为其配备专职医护人员守护，护工以片区为单位、以点盖面，网格化管理使得每个社区的负责片区组合覆盖整个武泰闸社区。

⑤心理帮助：社区中的老人大多为空巢老人，与子女长期分离，缺乏关心。智慧养老平台设置心理咨询平台、定期探望老人，为社区老年人提供上门心理辅导和生活远近期目标规划。

（2）智能信息共享体系设计

智慧社区适老化 APP 平台设计主要面向老年人用户端，以大字的形式将平台的主要功能标志出来，配以简明的图标，让老年人乐于加入适老化信息平台。主要包括活动、商城、服务及理财四大类。活动板块负责搜集近期附近要举办的活动信息，如医疗服务活动；商城版块聚集可以供购买的商品信息，如生鲜、蔬菜、水果及衣物等日常供应物品；服务版块集合了养老平台能够提供的各种服务，如理发、清扫卫生及日常护理等；理财版块集合了平台提供的可靠理财产品，如简单的基金等。

在 APP 终端界面，搜索功能涵盖每个界面，方便有需要的老年人按需搜索。一级标题主要介绍 APP 界面的大类功能，如活动—社交、商城—购物、服务—日常生活、理财—金融。二级标题一般介绍功能的分类，或是按照距离、热度进行排序，方便老年人根据活动范围和自身需求进行选择。三级标题是具体的各项服务、商品，同时，在此界面设置醒目的“参加”或者“购买”按钮，让老年人按需选择或购买。武汉市武泰闸社区适老化 APP 结构示意如图 7-11 所示，武泰闸适老化 APP 界面如图 7-12 所示。

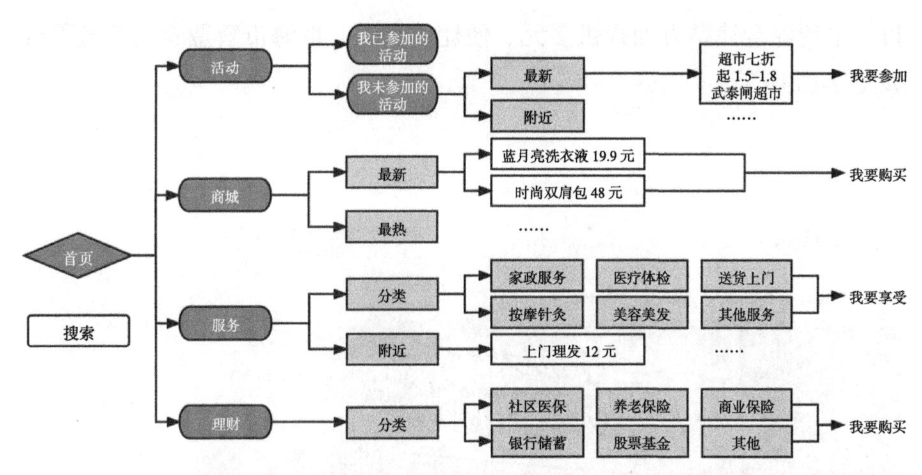

图 7-11　武泰闸社区适老化 APP 结构示意（自绘）

图 7-12　武泰闸社区适老化 APP 界面示意

（图片来源：智慧社区目标导向下老旧社区适老化改造研究）

2. 珠海市智慧养老信息平台

珠海市智慧养老信息平台由珠海市民政局统筹，综合全国范围内优秀的智慧养老服务解决方案，运用互联网、物联网技术，整合市际范围的各类养老资源，为全市范围的老年人在选择养老服务方式、预约养老服务项目、申请养老津贴方面提供多元、便捷的渠道，珠海市智慧养老信息平台如图 7-13 所示。

a）普通版养老服务平台界面

b）老年版养老服务平台界面

图 7-13　珠海市智慧养老信息平台

（图片来源：http：//www.izhyl.cn/）

珠海市智慧养老信息平台的功能丰富，主要包括各地区的优选服务整合、养老组织整理、生活照料、康复护理、精神慰藉、便民维修、机构托养、应急救援、家居适老化改造项目，同时提供热门活动、政策资讯、社工课堂和养老地图等信息服务。具体版块如下：

（1）养老地图提供了养老机构、日间照料及长者饭堂等组织的服务标签、地理位置及预约服务等关键信息，如图 7-14 所示。

a）珠海智慧养老信息系统养老地图

b）珠海智慧养老信息系统关键信息整合

图 7-14　珠海智慧养老信息平台功能示意

（图片来源：http: //www.izhyl.cn/）

（2）智慧信息系统提供了一系列便捷服务，方便居家养老的老年人通过客户端平台直接预约下单，如图 7-15 所示。

图 7-15 智慧养老信息平台便捷预约服务示意

（图片来源：http：//www.izhyl.cn/）

（3）智慧养老信息平台提供老年人活动与相关养老资讯活动，为老年人的心理健康、继续教育提供信息支持，同时，广泛收集养老相关的新闻资讯、政策公告及生活小窍门等多元内容，为老年人的养老生活增添色彩，活动与资讯版块示意如图 7-16 所示。

a）智慧养老信息平台活动版块示意

图 7-16 珠海市智慧养老信息平台活动与资讯版块（一）

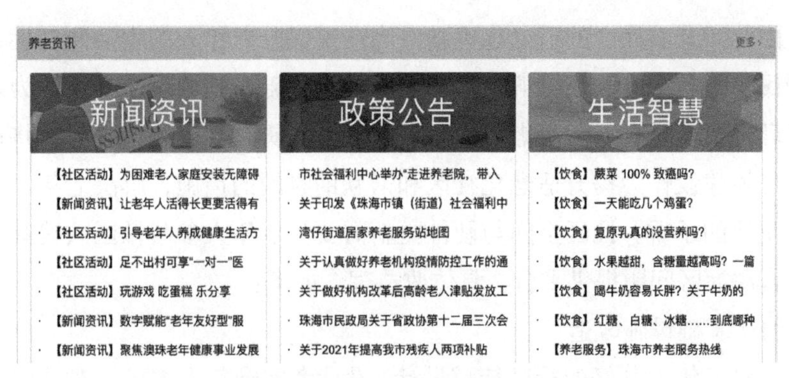

b）智慧养老信息平台资讯版块示意

图 7-16　珠海市智慧养老信息平台活动与资讯版块（二）

（图片来源：http：//www.izhyl.cn/）

第二节　社区硬件改造相关案例分析

我国经过多年的城镇化进程后，城市住宅由增量时代转而进入到存量时代，老旧小区的更新与适老化改造成为我国民生工程的重点发展目标，老旧小区数量巨大且改造需求强烈，仅 2020 年全国各地就计划改造城镇老旧小区 3.9 万个，涵盖居民近 700 万户，2021 年《政府工作报告》指出我国新开工改造城镇老旧小区 5.3 万个，2021 年 1 ~ 6 月份全国新开工改造城镇老旧小区 3.64 万个，占年度目标任务的 67.5%。

老旧社区进行适老化改造是应对我国老龄化问题的重要方法之一。现有社区多种问题共存，集中体现在技术和社会两方面：从技术层面分析，老旧社区缺乏安全保证，在楼体结构、能耗及保温方面已经落后，此外，老旧房屋基础配套设施缺乏，适老化设施、消防设施及停车设施等方面存在严重不足，使得居民的生活便利性受到严重影响；从社会层面分析，老旧社区缺乏物业管理，使得老年人生活中难以享受社区关怀与照料。老旧社区适老化硬件改造不仅需要从技术、设备角度展开，还需要克服资金成本、公共设施增补决策及改造效果可持续等困难。

因此，老旧社区的适老化更新应当注重提升老年人的生活便利性，促进居民交往与沟通、拓展群众活动空间。将基础设施的改造升级作为老旧社区环境改造重点，解决老年人户外活动空间匮乏等问题，同时，将社区文化环境建设作为提升适老化社区和谐互助氛围的措施，解决老年人缺乏精神生活的矛盾。社区空间与硬件更新需要为老年人参与社区共建共享过程、解决社区问题提供平台，具体改造理念如下：

（1）基础设施改造

①对老年人友好的社区街道设计：设计考虑老年人需求，对社区街道上的人行道进行改造更新，去除占用道路的障碍物等，同时将供电线路入地并翻新人行道，增加无障碍设施等，为老年人出行提供便利。

②对既有公共设施进行升级：将社区既有公园设施重新规划与设计，重置桌椅与娱乐设施（如象棋盘、健身设备），在更新改造中，挖掘老年人对社会交际活动与娱乐活动的真实需求。

（2）社区文化环境建设

①增设文化长廊、老年学习培训班等，着力打造社区文化，提倡以邻为伴的良好社区氛围，同时，将地面改造为塑胶跑道，适应老年人散步需求并创造社交空间。

②更新社区绿化布局，从视觉和使用功能方面进行适老化设计，如按照老年人的群体喜好确定花草栽培种类以提升视觉效果、在绿地中增加运动场地与小径以丰富实用功能等。

（3）增加社区组织与活动场所

在社区中增设老年活动中心、社区文化中心及观影区等场所，方便社区老年人日常参与活动，支持老年人组织建设，注重增强老年人的社区责任感、社区文化认同感和社区归属感，使得空间布局与适老化硬件丰富社区老人精神文化生活，增强老年人的公共意识和行动意愿。

此外，关于社区硬件改造的详细策略如图 7-17 所示。

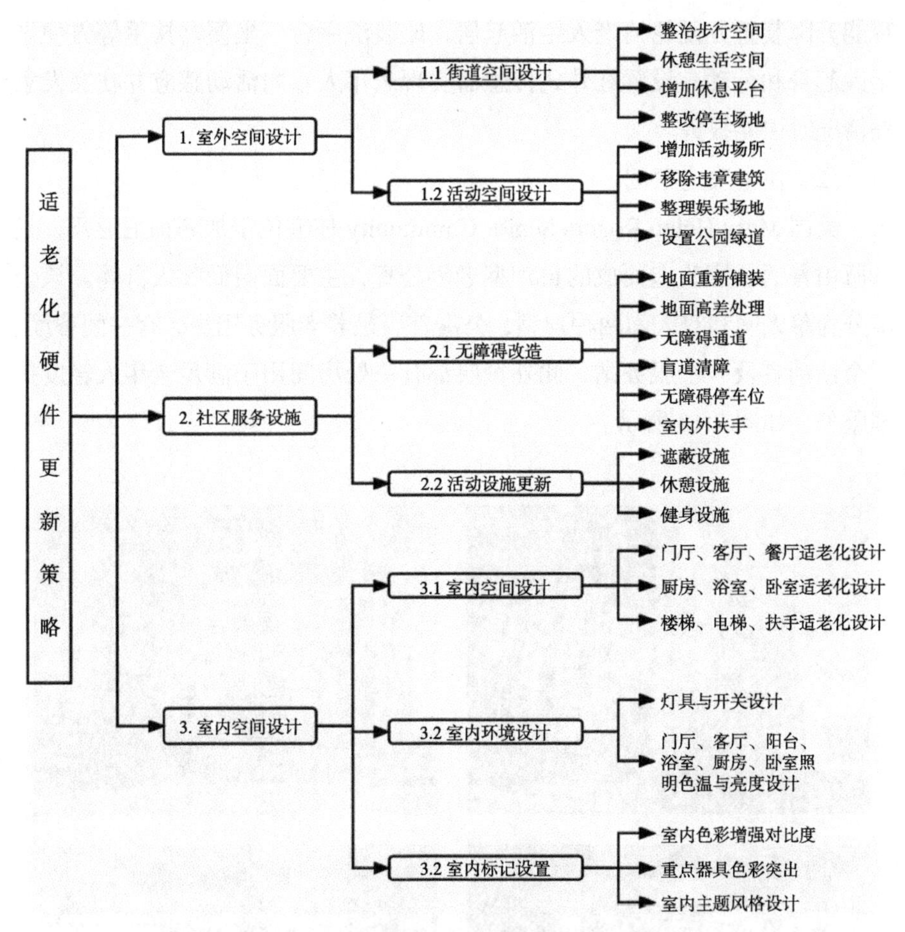

图 7-17 社区硬件适老化改造更新总体策略

一、国外社区适老化改造案例分析

1. 美国住宅适老化改造案例

（1）适老化改造策略

美国旧居住区住宅的适老化改造依靠先进的技术和丰富的经验，根据老年人的实际需求和健康状况分层次地进行改造。具体内容包括室内外无障碍改造、地面防滑处理、高层住户加装电梯、设置轻便门锁、设置方便残疾老年人室内转移吊运的天花板式滑行轨道、改装桌椅门窗高度或设置智能升降装置方便轮椅老人生活起居，改装洗手台、坐便器扶手等方便老年人起身和行动，设置红外式传感器实现老年人室内活动感应并在突发意外情况时智能报警。

（2）住宅改造案例

美国 Mary Helen Rogers Senior Community 住宅位于加利福尼亚州，是一所由普通公寓改造而成的自理型老年公寓，主要面向低收入群体。该公寓分为单人间和双人间两种户型，公寓首层是养老服务用房，有一间餐厅、一个活动室及一个服务站，此外每层都有一处房间用于满足老年人轻度护理服务，如图 7-18 所示。

图 7-18　Mary Helen Rogers Senior Community

（图片来源：https：//www.chinatowncdc.org/our-portfolio/mary-helen-rogers-senior-community；https：//www.apartments.com/mary-helen-rogers-senior-community-san-francisco-ca/6ckqnxr/；https：//cahill-sf.com/portfolio/mary-helen-rogers-senior-community/）

2. 瑞典住宅适老化改造案例

瑞典作为高福利、高收入西方国家的代表，早在 20 世纪 80 年代就提出了让老年人回归家庭并在普通居住环境中延续生活的养老理念。据此提出调整养老设施的建设方针，分割过去设施中老年人规模化的助护模式，进行“家庭化”转化，最大限度地使居住在养老设施中的老年人得到心理满足。养老设施转化的主要方法包括：在新建住宅底层进行建设、改造早期福利设施、改造原有住宅（如图 7-19 所示），改造后的住宅主要由 8 ~ 10 个独立的老年人居住单元、共用的起居室和厨房构成，同时，配置了助护人员的卧室、卫生间和储物空间等。

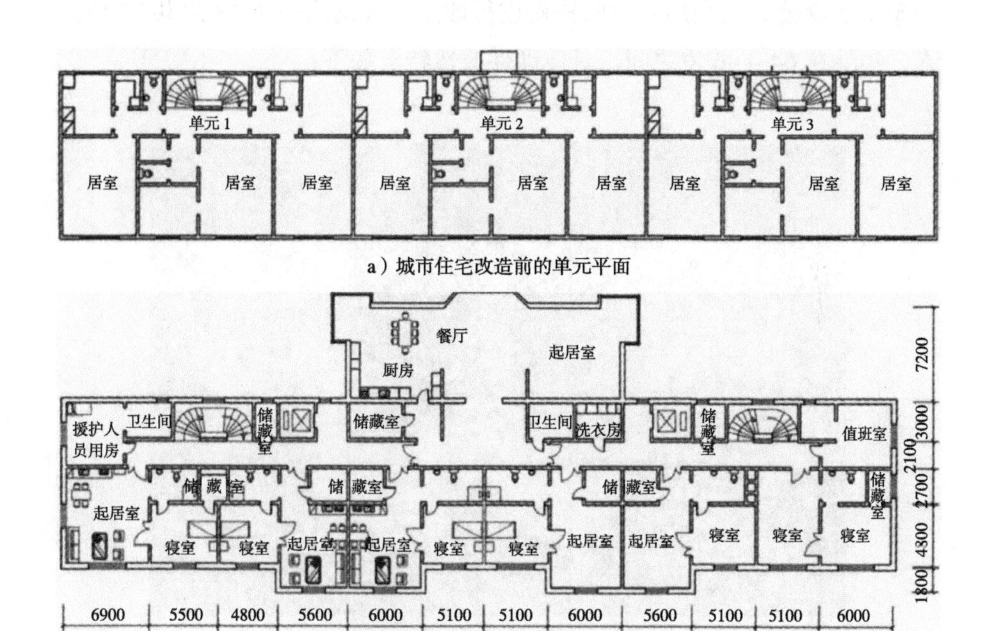

a）城市住宅改造前的单元平面

b）城市住宅改造后的单元平面

图 7-19　瑞典住宅城镇住宅适老化改造示意

（图片来源：构建“社区化”城市养老居住设施方法研究）

3. 日本住宅适老化改造案例

日本生活水平较高、人均寿命长，早已步入老龄化社会，从 1949 年至 2020 年，日本 65 岁以上人口占比由 4.9% 增加至 28.9%，因此，日本政府不仅完善了以养老、医疗及介护保险为核心的社会保障体系，还对社区进行了一系列针对性的适老化改造。日本的多摩平之森老年公寓正是其中的代表，该公寓开业半年内入住率就达到了100%，实现了融合老人与社会的目标。

多摩平之森老年公寓（图7-20）地处日本东京多摩地区南部的日野市，距离东京中心部约40公里，多摩地区面积约为1169平方公里，人口约416万。多摩平之森公寓前身是“多摩平居住团地”，第一次建设竣工于1958年，当时由250栋组成，约2792户，在设计之初以“明亮开放的绿色社区”为主题，2011年都市再生机构对团地内的五栋空楼分为三部分，多摩平之森公寓正利用其中两栋楼进行改造，公寓入住了63户共72位老人，年龄在64～96岁之间。具体硬件改造特点如下：

图7-20　多摩平之森老年公寓

（图片来源：https：//www.ur-net.go.jp/chintai_portal/rebuild/rn2/aura243/index.html）

（1）加建附属用房两栋

在两栋楼之间新建了约400m^{2}的服务用房，其中一处为小规模多功能居家介护设施，用于照顾半自理和不能自理的老人（容纳10人左右的规模），加建房中还有员工用房、浴室及更衣室等，便于员工24小时不间断地提供照护服务；另一处加建房为集会食堂，一侧是书架，另一侧为落地玻璃（面向内部广场），这个空间可以进行饮食、会议、阅读及休闲等活

动，还具有通往室外的露台。集会食堂除了供老年人使用，还能向附近上班族提供廉价午餐等，促进养老社区与社会的融合，附属用房如图 7-21 所示。

图 7-21　多摩平之森老年公寓加建房

（图片来源：https：//www.ur-net.go.jp/chintai_portal/rebuild/rn2/aura243/index.html）

（2）改善垂直交通

在建筑内部，拆除原来的楼梯后，通过增设电梯和公共走廊，实现竖向交通的无障碍化，使得改造前建筑北侧的沉闷空间成为改造后的居住者交通空间和交流活动场所。垂直交通改进如图 7-22 所示。

图 7-22　多摩平之森垂直交通改善措施

（图片来源：https：//www.ur-net.go.jp/chintai_portal/rebuild/rn2/aura243/index.html）

（3）户型改造

原先的住宅单元是当时流行的田字形，不适合当前老年人生活居住特点，因此，改造要点为去除多余隔断形成大开间、设计三种不同户型供不同需求的老年人选择。每个房间都设置玄关、起居室、干湿分离卫生间和洗漱间，全部房间都朝南设置，南北通透以保证光照和通风，同时，应用新型隔热材料保证屋内凉爽舒适。

（4）无障碍扶手改造

从一楼到顶层都有不间断的白色金属扶手，同时，扶手在每一层直接延伸到各个居室门口，充分保障老年人的行走安全。

（5）空地利用

多摩平之森北侧为背阴面，一般老年人不喜欢阴冷的地方，因此，北面被建造为停车空间和日常活动场所，提高了土地空间使用效率，如图 7-23 所示。

图 7-23　多摩平之森空地利用

（图片来源：https：//www.ur-net.go.jp/chintai_portal/rebuild/rn2/aura243/index.html）

（6）按照单元划分色彩

每个居住单元都被划分为不同的色彩，以方便老年人根据颜色区分辨认自己的居室，同时，色彩鲜明也有利于提升整体的室内氛围效果。

（7）社区苗圃

在苗圃中种植花草和蔬菜，方便老年人在苗圃中打发空闲时间并锻炼身体，促进邻里之间的交流与互动，如图 7-24 所示。

图 7-24　多摩平之森社区苗圃

（图片来源：https：//www.ur-net.go.jp/chintai_portal/rebuild/rn2/aura243/index.html）

（8）开放式管理

整个养老设施处于四通八达的状态，内外连通方便，促进老年人和外界的交流，同时，为了保证老年人的绝对安全，给所有老年人设置“健康卡片”，身体精神状况良好的老年人每天到前台将健康卡片翻面即表示“健康”状态。

二、北京市劲松北社区适老化改造案例

1. 劲松社区概况

劲松社区位于北京东三环劲松桥西侧，隶属于朝阳区劲松街道，始建于20世纪70年代，是改革开放后第一批成建制楼房住宅区，目前楼龄已达40余年，劲松北社区的区位图如图7-25所示。

图7-25　劲松北社区区位图

（图片来源：http：//www.360doc.com/content/19/0906/12/38261087_859459478.shtml）

2. 改造前状况分析

劲松街道占地面积为5.2平方公里，老龄化程度达36.9%，配套设施不足，生活服务便利性差，小区道路、绿化基础设施老化严重，同时，社区缺乏专业的物业管理机构，社区改造前状况如图7-26所示。

面对新时代要求，劲松社区仍然存在人群、基础设施、配套服务错配现象，具体包括以下几方面：

（1）居住人群错配，劲松社区改造前，设施和服务不适合老年人生活，

图 7-26　劲松社区改造前状况

（图片来源：http：//www.360doc.com/content/19/0906/12/38261087_859459478.shtml）

社区状况不符合日常生活基础的安全和便利要求。

（2）基础设施错配，社区消防设施不足且现有消防设施设计标准低，楼内缺乏消防设备，社区乱停车现象阻碍消防通道，一些高层住户封闭窗户导致发生火灾时难以尽快逃脱，因此，社区内存在大量火灾隐患。社区内没有电梯、无障碍设施，年长者难以便利下楼，无法参与社区活动。社区排水、管线老化、房屋渗漏严重影响社区居民生活。

（3）配套服务错配，社区缺乏安全管理，楼道堆放电动车等易燃物，消防通道堵塞而无人管理；缺乏专员维护，社区门禁全部损坏、流动人群无法管理，且不利于区域范围内突发重大公共事件时对社区的封闭管理，如新冠肺炎疫情下对人群实行居家隔离管理等；社区轻视对老年人身体健康状况等关怀，有可能发生非正常死亡等事件。

综上所述，劲松社区在养老空间与硬件适配方面遇到的问题已经成为典型，因此，要解决这些错综复杂的问题就需要探索能够实现社区长效良性发展的创新模式。

3. 改造模式分析

劲松社区适老化改造推崇引入社会资本到改造领域，运用市场化方式吸引社会机构参与更新与物业管理，将劲松一区、二区作为先行试点，由社会机构投入改造，社会机构或组织通过后续的物业管理、服务收费、政府补贴及商业收费等方法回收资金成本，在劲松社区改造过程中，产生了新型改造模式——劲松模式。

（1）长效机制：老旧社区改造的长效机制的关键在于改造者在社区空间、硬件改造过程中与居民充分交流，以人为本地进行“友好协商型”改造，因此，劲松试点探索了一种“区级统筹、街乡主导、社区协调、居民议事、企业运作”的五方联动机制，由区级部门领导，劲松社区区委办局、街道办事处、居委会、社会单位和企业代表五方联动，共同推进社区综合整治，劲松社区五方联动工作机制如图 7-27 所示。

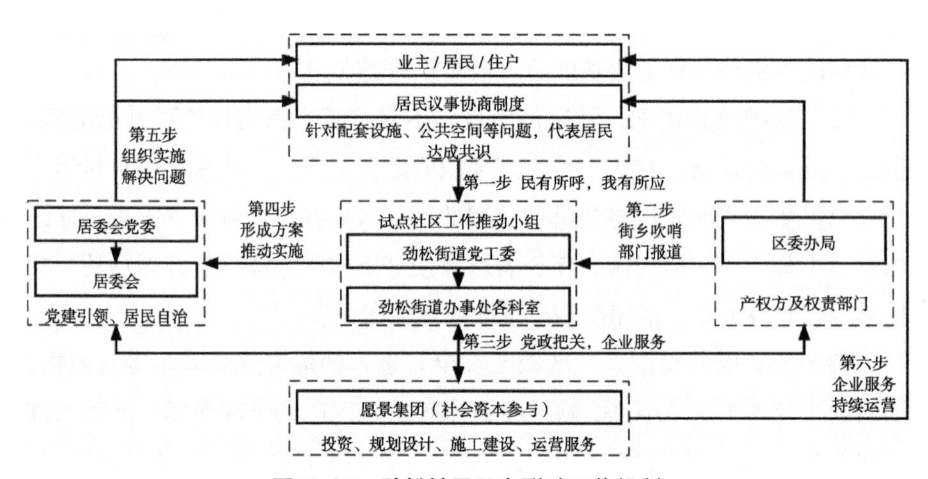

图 7-27 劲松社区五方联动工作机制

（2）系统性规划、公众参与：一方面，在劲松社区改造过程中，以深度规划先行，明确社区更新目标；另一方面，统筹街区、社区和邻里三重维度，发挥街道责任规划师、入驻物业公司的规划设计等专业力量，坚持公众参与，把社区定位、空间格局、要素配置、治理需要等核心内容有机整合，将规划贯彻落实到基层治理和街道项目。在具体实践中，吸引社区居民全程参与，自主选择改造内容，通过入户访谈、现场调研、组织座谈及召开评审会等方式精准定位居民的需求。

（3）微利可持续运营模式：入驻物业管理企业通过实施物业清单式管理，提供环境保洁、绿化养护、停车管理及垃圾分类等服务，在免费物业服务数月的基础上，使居民逐渐接受为享受改造后社区硬件与服务付费的模式。

（4）“物业＋为老服务”机制：在物业基本服务基础上完善社区综合服务，将物业全天候响应、维修、保洁、商户管理和社区居家养老服务有机结合，形成集约高效的适老化服务机制。

4. 社区硬件改造分析

在劲松社区改造过程中，规划设计单位全程监控现场情况并实时调整，同时，在运营过程中持续跟踪居民使用信息与需求情况，根据不断出现的新需求更新设计与规划。劲松社区改造资料显示，社区调研结果表明，居民对社区现状的改造需求主要集中在缺少公共空间、缺少绿化且环境卫生差、缺少停车位、整体老旧破败及需要加装电梯等五方面，具体改造内容如下：

（1）改善劲松社区便民设施

社区中年人群和老年人群希望增加菜市场或生鲜蔬菜店、社区食堂、早餐店、理发店和生活超市，以便利居家生活为主；青年人群则希望增加社区健身房、早餐店及快递代收服务点，同时，也主张建设社区图书馆、咖啡厅等，以年轻化、个性化需求为主，因此，改造项目根据社区人群配比、居住区分布，合理引入并规划便民业务，如图 7-28 所示。

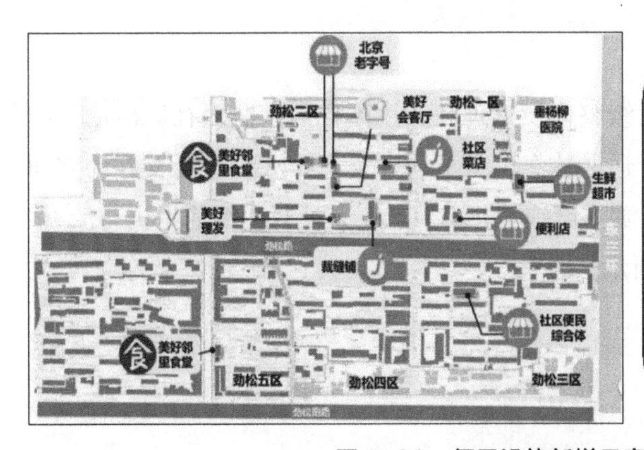

居民对社区业态需求汇总：

1. 生鲜蔬菜店
2. 社区食堂
3. 早餐店
4. 理发店
5. 生活超市
6. 社区健身房

（按需求程度排序）

图 7-28 便民设施新增示意

（2）停车位与便民服务点改造

根据社区居民的实际需求调研，在劲松社区内增设车棚以提高停车效率并节省空间，多余空间被改造成服务综合体，包括裁缝铺、配钥匙、电器修理、鞋类搭理、洗衣及自动售卖机等便民服务，如图 7-29 所示。

a）车棚改造前

b）车棚改造后

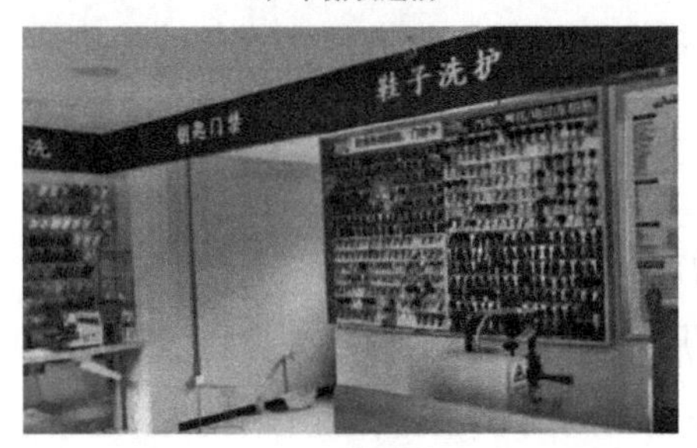

c）便民服务点

d）自动贩卖机

图 7-29　停车位与便民服务点改造示意

（图片来源：http：//www.360doc.com/content/19/0906/12/38261087_859459478.shtml）

（3）公共空间改造

劲松二区社区公园延续整体设计理念，用现代的手法对社区活动公园进行设计，为邻里提供舒适的休息聊天场所、为老年人提供社交互动空间及在公园广场中新增儿童游乐设施等，增强老年人社区生活的生机与活力，公共空间改造如图 7-30 所示。

a）社区活动公园改造前

b）社区活动公园改造后

c）社区小广场改造前

d）社区小广场改造后

e）社区空间环境改造前

f）社区空间环境改造后

图 7-30　劲松社区公共空间改造示意

（图片来源：http：//www.360doc.com/content/19/0906/12/38261087_859459478.shtml）

（4）社区配套与文化、环境改造

劲松社区内部加强了安全管理，增加门禁和保安，此外，整体环境得到美化，新建并翻新了路面。楼栋加装电梯方便残疾人群和老年人群随时出入户。社区外部设置了活动中心与活动公告栏，新增多元活动和课程，方便进行老年人继续教育，充实他们的精神生活。社区配套与文化、环境改造示意，如图 7-31 所示。

a）社区外活动中心　　b）社区公告栏

c）加装电梯

图 7-31　社区公共空间改造示意

（图片来源：https：//zhuanlan.zhihu.com/p/400809586）

5. 小结

老旧社区综合提升，不仅需要更新社区空间、改造硬件设备设施，还需要长效的发展机制，赋予业主主人翁观念与权利来实现社区文化的塑造，通过空间重塑、服务创新及运营体系变更解决老旧社区适老化更新问题，借助社会资本实现老旧社区的更新高效化并降低政府部门成本负担。

第三节　社区养老服务体系相关案例分析

我国 90% 的健康活力老年人通过自我照料和社会化服务实现居家养老，实现以家庭为核心、以社区为依托及以适老化服务为支持，使居住在家的老年人有能力、有途径获取以解决日常生活困难为主要内容的社会化服务。同时,7% 的半自理老年人通过社区组织提供的专业化服务实现养老,老年人居住在家中,既得到家庭照料,同时,还能获得社区有关专业机构的上门服务。最后 3% 的护理型老年人通过入住社区专业养老机构实现集中养老,养老机构为老年人提供饮食起居、清洁卫生、生活护理、健康管理和文娱活动等综合服务。这种“90-7-3”养老服务模式的布局需要以成型的、可复制的社区养老服务体系为基础,但是当前我国生育率严重下降,“4-2-1”的家庭结构不断增多,日益增长的社会生存压力使得中、青年人难堪重负,同时,也阻碍了我国养老事业的发展。

与此同时,当前机构养老面临供需不平衡的现实问题,由于普通集中式养老项目地理位置偏僻、服务设施体系不配套等原因造成空床位现象,大型社会资本参与或主导的高端养老社区售价高昂、地理位置好及配套完善等特点导致此类项目难以满足社会需求。因此,完善的社区养老服务将有效解决养老资源供需不平衡问题。完善社区养老服务不仅需要促进社区资源充分利用,还要注重加强社区内人际交流、培养良好的社区关系,形成互帮互助、和谐的社区养老氛围。

因此,为了满足上述需求、契合养老特点,我国社区居家养老服务模式应当借鉴欧美国家的先进理念,规避养老资源耗损、时间迟滞及服务质量低等风险。

一、国外养老服务体系案例分析

1. 美国 NORC 养老服务体系

(1)NORC 养老服务模式概念

与传统养老院、福利院等养老专用机构相比,“自然形成退休社区”(Naturally Occurring Retirement Community,简称为 NORC 社区)是多数老年人选择居家养老、年轻人逐渐迁出等社会原因下自然形成的产物,这种社区在生命周期的初始阶段中并未考虑为老年人定制专门的服务、设备或设施。根据不完全统计,美国 65 ~ 74 岁之间的老年人有 90% 以上希望生活在自己的房间里。在 1986 年，美国第一个正式的 NORC 社区——宾南社区出现了，该社区大约有 3000 个单元和 6000 住户，其中 75% 以上的居民年龄在 60 岁以上且大部分人遇到了经济、住房及养护等方面的问题。因此，负责社区管理的房产合作社联系了一些政府和非政府组织共同成立了一个为社区老年居民提供住房、医疗以及其他社区服务的委员会，以此形成了名为 NORC-SSP（NORC—Supportive Service Program）的 NORC 支援服务计划，对各州内符合一定条件的部分 NORC 进行财政拨款支持，引导 NORC 中的居民充分发挥自身的主动性解决问题。NORC 项目的宗旨是尊重老年人居家养老的选择意愿、在现有社会网络的基础上，发掘老年人对社区的贡献能力，主要提供社工服务、医疗养护服务、继续教育和娱乐服务及志愿活动等服务项目，服务具体内容如图 7-32 所示。

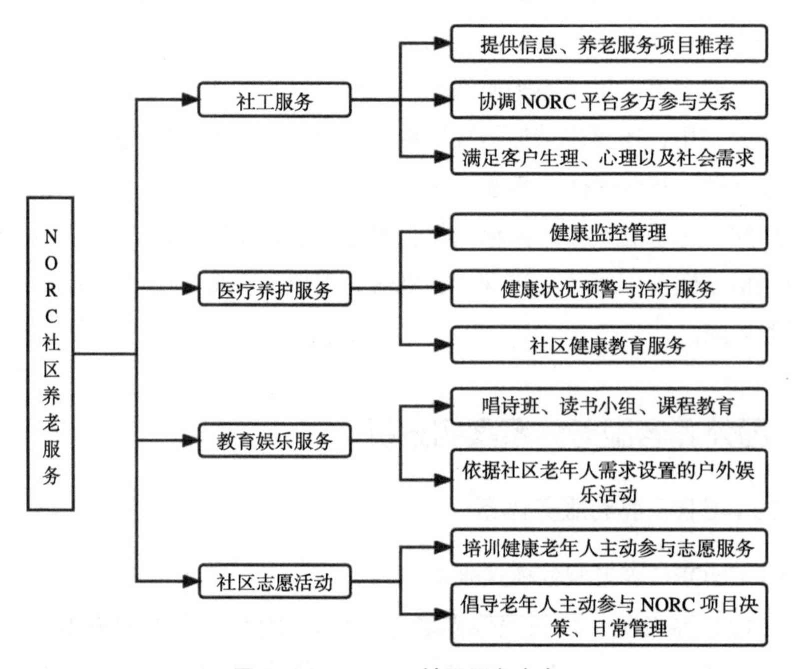

图 7-32　NORC 社区服务内容

NORC 项目与传统养老项目的区别主要在于三方面：首先，前者的服务模式下老年人可以获得更多社区的支持和援助；其次，大量老年人的聚集能够为房地产、养老服务商带来规模价值等正外部效应；最后，NORC模式会增加政府财政支出，但降低了社会养老总成本，NORC与传统养老模式的区别如表7-3所示。

NORC与传统养老模式的区别　　表7-3

项目	NORC养老服务模式	传统养老服务模式
服务程度决定要素	年龄、地区	障碍等级
关注重点	老年人的需求潜能开发	老年人身心障碍
老年人角色	组织者、参与者、志愿者	接受者
加入时机	健康	失能
服务场所	集中社区	专业机构
服务性质	契约型—个性化	安置型—固定服务
服务提供商	政府—企业	政府或企业
房地产外部性	房地产增值	无作用
老年人养老自主性	高度自治	受制于人
财务来源	政府拨款＋企业赞助、募捐、服务费	政府（或企业）、募捐、养老金

（2）NORC社区养老服务模式特征

由于各个社区所在地区的生活水平、精神状态、风俗习惯存在显著差异，NORC项目的服务范畴和侧重点也有所不同，例如，靠近大学的养老社区会增加学生志愿服务活动，但是NORC社区都存在以下一些共同点：

①改变被动服务递送模式

在传统社区中，老年人接受的服务主要来自基于应急需求的特定服务项目，而NORC服务模式将医疗服务、社会服务和娱乐教育引入社区，以日常教育、跟踪检查、监督控制及长期预防为主，能够将老年人生活风险于事前控制在较低水平。例如，宾南社区为每个老年人建立家庭档案，提供生理和心理咨询服务等，在老年人出现健康问题前预警并制定针对性应对措施和方案，服务群体涵盖所有老年人，在降低疾病风险成本的基础上，保证社区整体健康水平。

②老年人从被动接受者转向主动参与者

NORC项目鼓励老年人发展自我，倡导有能力的老年人参与社区建设。

在充分开发老年人能力基础上，将有意愿的老年人安排在合理的社区服务岗位上，以老年人服务老年群体，在减少社区养老服务投入成本，同时，增加社区可持续发展的潜力。NORC 社区专门的志愿者服务团体能够在需求分析的基础上，组织老年人参与唱诗班、读书会等课程，老年人可以在活动中担任老师、学生或其他参与者的角色。

③社区养老组织方面采取多样的资本合作模式

NORC 养老服务模式采取公私合作的融资模式，结合服务收入和实物捐赠等，注重于房地产商（提供社区场地、房屋、设施及设备）、管理者、服务提供商（护理服务、医疗服务）、政府、慈善组织和社区居民（参与者 / 服务对象）保持合作关系，将已有社区服务项目和养老服务有机整合，尽可能地提升养老服务项目的应用广度和服务深度。

④满足老年人深层次需求且具有价格优势

老年人随着年龄的增长会对继续教育、健康、精神生活、社交及娱乐等产生更加强烈的需求。因此，NORC 社区利用完善的社区服务配套设施为老年人追求深层次需求提供物质基础，例如，社区购物中心能够满足老年人消费需求，社区健身房、俱乐部等满足老年人健康需求，市政花园等满足老年人精神层次需求，无障碍通行设计与更新满足老年人出行需求。

相较于传统社区和传统养老机构，NORC 社区无需投入过多的设施设备和专业护理资源，NORC 重点关注社会资源的高效利用，老年人在原居住社区即可享受养老服务，无需缴纳昂贵的入住费用且不用担心承受搬迁产生的“机会成本”。

（3）NORC 养老服务模式的借鉴意义

我国养老模式应当形成以机构为支撑、社区为平台、居家为基础、政府作保障、社会资本参与投资与收成多样化的良性循环体系，实现从传统的家庭或机构照料转向社区照料模式。首先，建立较为完善的社区预防医疗体系，分担或规避老年人患病风险，以事前控制节省社会资源；其次，充分发挥社区老年人的主观能动性，安排有能力、有意向的老年人参与到社区组织、活动、服务环节中，实现社区养老服务能力的充分开发；最后，融合多渠道资本到养老社区中，在养老过程中减轻社会资源压力，同时，创造老年人聚集带来的规模经济效益。

2. 美国 PACE 养老服务体系

（1）PACE 养老服务模式概念

全体系老年日间照料项目（Program of All-inclusive Care for the Elderly，PACE）是由 MassHealth 和 Medicare 主管的社区养老服务项目，宗旨是为老年人提供医疗、社交及健康管理等综合性养老服务以延迟老年人进入养老机构的时间。PACE 不仅可以缓解社区养老资源不足的问题，同时，还能为不想或不必进入养老机构的老年人提供折衷选择。

PACE 养老服务模式的目标是为那些需要长期照护的老年人及其家庭提供社区的医疗照护服务，要求服务项目参加者必须在 55 岁以上且经过评估后能够安全地在社区生活的老年人。据不完全统计，加入 PACE 社区的 80 岁以上的高龄老年人群较为常见，该类老年人大都患有一些慢性疾病且不容易实现生活自理，但是参加 PACE 项目后仍然满足在社区生活的基本条件。单个 PACE 团队普遍接受的服务对象上限是 120 ~ 150 人，每个符合医疗救助资格的居住在 PACE 中心的老年人每年需要 16800 美元左右，远低于居住于养老院的成本。截至 2017 年底，美国 32 个州都有 PACE 中心，每个中心的注册人数常在 100 人以上，人数最多有 3000 人以上。

（2）PACE 养老服务模式内容与特点

PACE 模式提供基本的养老服务满足医疗和生活需求，包括：（a）医疗服务，如基本医疗检查服务、专科治疗及住院治疗等，如果 PACE 参加者因健康状况变化需要入住护理院，PACE 将支付费用且全程参与老年人健康管理；（b）康复服务，具体包括物理治疗、娱乐治疗和心理治疗，PACE 日间照护中心一般具备物理康复设备和娱乐康复设施，同时，有治疗师给予专业指导和治疗，部分轻微患者可以居家康复理疗，该服务的目的在于保持老年人日常活力与正常精神状态，减少老年人抑郁症发生概率；（c）社会支持服务，一般由专业人员将老年人家庭环境进行适老化改造，同时，提供家政服务、洗浴服务、饮食管理服务及交通运送服务等，其中，交通运输服务是指提供老年人自由前往日间照料中心等专业设施的渠道。

PACE 也会向老年人家人提供养老照护培训课程、心理咨询等服务，帮助家属减轻赡养老人产生的心理压力。PACE 的服务倡导参与者主动前往日间照护中心，获取其中的医疗、康复等服务，其次，也向部分参与者提供居家上门服务，包括咨询、理疗及医护等项目。

PACE 养老服务模式经过不断发展已经成为较为成熟的老年医疗照护服务模式，其原因为“整合”，主要特点如下：

①服务来源整合

PACE 通过雇佣长期签约的工作人员组成相对稳定的工作团队——PACE 多学科服务小组（the PACE interdisciplinary team，IDT），IDT 一般配备 1 位医师、1 ~ 2 位护理医师，1 ~ 2 位治疗师，同时，雇佣若干护士、社会工作者、护工和司机等。IDT 成员一般具有丰富的养老服务经验，在充分了解 PACE 服务项目参与者的基础上，与家庭成员一起定制老年人医疗保健服务，医师是小组中的决策者，一般由经验丰富的老年专科医师担任。这种固定的服务人员 – 被服务对象的养老服务模式能够最大程度发挥团队服务优势，保证养老服务的可持续性。

IDT 会对 PACE 新参与者进行综合评估，医师和护工会详细检查参与者的病史并进行全方位健康检查，包括生理、心理、认知能力及生活能力等指标；社会工作者将全面了解参与者及其家属的需求，以此定制个性化医疗保健方案，包括医疗、护理和社区支持服务。IDT 团队服务与个性化养老照护方案是老年人日间照料项目能够实现持续发展的显著优势与基本保证。

②服务项目整合

PACE 模式通过一站式服务项目为需要长期照护或具有较多照护需求的老年人提供所有 Medicare 和 Medicaid 包含的服务以及其他社区性支持服务，即老年人只需参加一个 PACE 项目即可获取预防、医疗、康复、护理、社会支持、娱乐活动等多元化服务，有利于提升老年人安享老年生活的积极性。

③项目资金整合

PACE 模式将公共医疗保障计划的资金进行融合，同时，融入其他资本，统筹后用于支付各项服务开支。对付费者来说，这种财务模式可以节约成本且预测将来的经费支出；对于服务提供者来说，PACE 的资金筹集模式可以辅助其灵活地提供跨机构、多学科的养老服务；对于有老年人长期照护服务需求的家庭来说，PACE 模式可以帮助其实现全种类服务订购，即使 PACE 资金整合模式将带来较高的项目参与门槛，但从全社会角度考虑，PACE 模式因提升养老服务效率而节省了不必要的养老资金浪费，减少了社会养老总开支。

（3）PACE 养老服务模式的借鉴意义

①居家养老与专业医疗服务整合

美国 PACE 模式的成功证明医养结合的模式将有效延缓老年人进入专业养老机构的时间，有效依托社区实现养老服务的布局。我国可以借鉴这种养老服务模式，将 55 岁以上的老年人的养老与医疗服务结合，促进居家养老模式的发展，以此减少老龄化加剧背景下，因养老资源供给与需求失衡而产生的社会矛盾，同时，养老与医疗的整合将完善我国社区适老化改造的服务与管理体系。

②建立功能完善的社区日间照料机构

目前，我国已经建立了许多日间照护中心、养老服务机构、助老机构、助餐机构、社区养老活动组织及社区服务中心等，但是这些社区组织的功能存在交叉而又相互独立，因此，应当整合所有组织的养老功能，为居家养老老年人提供一站式养老服务，同时，需要在现有养老组织基础上，推广养老服务人员资格认证，推出关于养老设施、场地、功能及专业人员配备的国家标准。

③养老服务个性化、可持续

PACE 模式在对所有项目参与者进行全方位评估的基础上，结合家庭访谈等方式实现个性化养老方案的定制。PACE 的多学科服务团队 IDT 拥有多类型的专业服务管理人员，长期固定的服务提供模式实现了社区养老服务的良性发展。社区除了向老年人提供餐饮、洗浴等基本服务外，应当提供覆盖老年人家庭成员的全方位支持性服务，包括咨询、培训及教育等。

3. 美国 CCRC 养老服务体系

（1）CCRC 养老服务模式概念与内容

Continuing Care Retirement Community（CCRC）是为退休老人提供连续性照护服务的社区，通过人性化的规划和建筑设计、全面的照顾和医疗服务以及科学合理的运营，为 65 岁及以上追求品质生活的老年人提供新的养老模式，从老年人身体健康一直到身体机能衰退的整个过程进行持续照料。CCRC 核心理念是以居家式的自主养老方式为入住老人提供独立生活服务、辅助生活服务和护理生活服务，所有服务内容根据入住者自身条件自由选择。养护服务包括介乎、介助、自理、治疗，同时，也注重满足老年人衣食住行、心理、深层次精神需求及社会交际等需求。社区内住宅类型包括公寓、小别墅及护理院等，老年人可以根据自身需求切换服务环境。

CCRC 社区通常选择在距市中心 50 ~ 100 公里、一小时车程内、交通便利的城市周边地区及小镇，该社区较为封闭且具有独立安保措施，内部建有居住养生环境、全方位无障碍设施等，规划布局紧凑以便利老人的护理与照料，养老配套设施与服务场所分散在社区内，配备较高比例的专业管理与护理人员，CCRC 社区提供服务与设施如表 7-4 所示。

CCRC 社区养老服务与设施汇总　　表 7-4

CRCC 社区养老服务与设施类别	具体内容
个人设施与服务	无障碍室内布局与设施布置
	24 小时安全监管服务
	设备维修与室外设施维护
	用餐、物业管理、停车及家政服务
	美容美发、交通、购物及医疗服务
	社交、文化、继续教育、娱乐及宗教活动
社区设施与服务	健身、娱乐及休闲场所
	银行、邮局、便利店、阅览室及电脑室
	无障碍服务与设施
	绿地、公园及餐厅服务

续表

CRCC 社区养老服务与设施类别	具体内容
健康照护	健康诊所
	24 小时救护设施、设备与服务
	上门服务
	基础诊疗服务
	健康检测与提醒服务
	康复疗养服务

（2）CCRC 养老服务模式特征

①科学的运营管理模式

CCRC 模式的服务水平与 PACE 相当且具有更加科学合理的社会资本参与模式，有利于推动社会总体养老资源供给的增加。超过 80% 的 CCRC 社区由非营利组织经营，如美国 Carol Woods 社区由非营利组织开发和经营，董事会由 20 人组成，同时，任命执行经理进行社区管理工作。CCRC 社区居住单元一般在 300 个以下，其中独立生活单元、协助生活单元、护理单元三部分的比例大致为 12 : 2 : 1，独立生活单元的占比非常高，该社区收费高而老年人不需要过多的照顾或配套服务，多余的社区经济收入可以用于补贴协助生活和专业护理中的高额运营费用。CCRC 社区服务主要面向美国较高收入人群，加入社区的费用包括入门费和月费，出租型住房前期一次性投入费用少而月费高，当其搬出社区时或死亡时，将退还一部分入门费。入门费一般由住户承担，可以使用储蓄或退休金，也可以办理现有房产的“倒按揭”支付；月费可以由养老保险支付。尽管如此，CCRC 社区入住门槛较高，需要社会资本、慈善组织、志愿组织共同协助与投资。

②灵活的入会策略

老年人加入 CRCC 社区的条件合同种类较多。一般包括一揽子合同，以准入费和标准月费收款，包含所有设施与服务的费用；可调合同，先缴纳较低费用，但拥有提升服务和费用的权利，但是价格增量往往低于市场一般水平；基于服务的合同，缴纳更低费用，但是未来获取更多社区服务时，需要按照市场价格补齐费用。根据 CCRC 社区的地理位置、居住单元大小、额外服务与设施需求不同，准入费用一般介于 20 ~ 100 万美元。支付准入费的住户将享受合同规定的设施与服务，且准入费用将按照比例退还，这就要求 CRCC 社区管理机构有灵活公开的财务报告和经营信息报表，由政府与公众监管。

（3）CCRC 养老服务模式的借鉴意义

①人性化的设计为社区养老提供物质保障

社区养老的好处在于老年人居住于熟悉环境，CRCC 的特点在于按照老年人的需求开发养老房产，特殊的三区（独立生活区、协助生活区和专业护理区）设计使得不同年龄与健康阶段的老年人能够依需求选择合适的养老服务与设施，弱化老年人对于养老机构的抵触心理。人性化的社区规划布局、标准化的无障碍室内外设计最大程度地保障老年人生活、行动的安全性、可达性。

②专业化人员与完善的审核认证体系

美国的 CRCC 社区的服务内容需要严格受到法律的管控，CRCC 社区的建立、运行必须获得联邦政府和州政府的审核认证，且运营过程被纳入公众参与的政府监督机制中。CRCC 社区一般与专家和医疗机构合作，其从业人员数量多且业务水平高，不仅要求服务规范化、细节化，还推行全过程的从业人员养老服务评估与惩罚机制。

③科学的运营管理模式

CRCC 倡导社会资本的广泛参与，一般房地产开发商可以独立开发养老房地产，降低准入门槛，通过采取服务收费的形式实现盈亏平衡。但是，在我国的养老市场中，CRCC 模式的养老社区将主要面向中高端服务对象，市场的开拓需要充分考虑我国老年人社会保障体系与西方国家的差异，即群众对 CRCC 社区的接受程度与支付意愿，例如，美国老年人收入包括资产收入、社会保险、退休金、医疗保险（联邦政府支付），中国老年人收入包括退休金、资产收入及家人赞助。

④培养发展非营利组织

在美国，每 160 人即拥有一个非营利组织，相比之下我国每 5000 人才拥有一个非营利组织，而且美国的 82% 的 CRCC 社区由非营利组织经营管理。政府可以通过提供税收减免政策促进非营利组织的建立及其在养老服务事业中的广泛参与。美国的志愿者文化传统使 CRCC 社区运营成本和政府支出显著降低，而我国的注册志愿者仅为 2511 万，且提供服务内容单一且非专业。

4. 德国养老服务模式

其中德国的养老模式偏向居家型，包括以下内容：

（1）居家养老护理型

老年人依旧居住在自己原有居所内，依托周边的养老机构进行居家养老，养老机构提供上门护理服务，还有日间护理和短期托老服务，例如，护理机构每天早晨派人员上门为老年人做护理，洗漱完毕后老年人可根据需要前往日间照料中心。部分老年人在亲戚朋友无法提供支持的情况下可以进入短期托老所而获得康复护理服务，一般托管时间为两个月。

（2）老年住区式养老

德国老年住区式是一种新兴的居家式养老模式，以养老居家服务监护式公寓为主，老年人搬离原有住所前往新建的居家服务监护式公寓中，享受无障碍居住环境。监护式公寓还具有许多老人服务硬件设施，同时，提供上门服务，老年人一旦失去自理能力即可入住临近的养老院。

（3）养老机构型养老

德国超过 90% 的养老机构由慈善组织或社会资本等非政府机构设立，老年人一般偏好居家养老，只有在最后时刻才会入住养老机构，这种社会养老观念的形成得益于德国先进且完善的养老服务体系、模式、设施和社会环境。养老机构与居家养老的根本区别在于前者提供 24 小时全方位服务且多分布在居民密集区，少数分布在度假区和郊区。以柏林地区为例，一般可以在 5 公里范围内找到 50 家左右的养老院，其床位一般少于百张，养老院分布特点为小而密集。

德国养老机构与社区养老地产并存，且社会养老理念与模式先进而完善。德国老年人可以通过储蓄时间来获得社区养老及居家养老中上门护理时间，因此，老年人可以进一步深化在社区中的人际关系。德国年满 18 岁的公民可以通过提供无偿护理服务为自己储存“个人护理时间”，这种志愿者服务模式的大力推广极大程度地降低了专业养老机构的人员压力。德国属于福利型养老国家，政府补贴种类丰富且金额大，政府的支持促使社会养老机构蓬勃发展。德国 80 岁以下老年人以居家为主使得养老资源供需平衡，80 岁以上的老年人则进入专业养老机构，不仅从需求侧减少养老机构运营压力，也促成了居家养老和机构养老的互补关系。

二、“时间银行”养老服务体系及案例分析

1.“时间银行”基本概念

本章描述的西方国家的社区式养老服务体系中大都提到了志愿服务在社区养老中的重要作用，因此，如何吸引群众广泛参与社区养老志愿活动并将老年人从传统的养老服务被动接受者转变为服务主动提供者均具有现实意义。20 世纪 80 年代，伦敦经济学院的研究员埃加德·卡恩提出并创立了“时间银行”模式，当前，世界上有 1000 个以上类似于时间银行的组织，包括美国的“时间币”、比利时与意大利的“时间银行”、日本的“照护门票系统”等。时间银行一般是指相对年轻的老年人志愿参与为高龄老人提供服务的活动，积累服务时数，待自己需要他人服务时可享受同等付出时数的免费服务，强调“互助”概念。时间银行储存内容包括医疗、法律、文化教育等专业服务以及家政、聊天、清洁、护理及做饭等日常护理服务。

时间银行在社会资源应用、养老环境更新及人文精神塑造等方面具有独特优势。一般认为时间银行有以下几点作用：

（1）实现老年人“去标签”过程

对于一般养老服务主体而言，在满足基本富足生活的基础上，实现自我价值的需求更加强烈，老年人常常被看作是被动、消极和脆弱的被服务群体，在适老化对策制定中往往忽略其深层次精神需求，这正是社会对老年人“贴标签”的行为。当前时代医疗发达、生活水平高，多数老年人退

休后仍然能够保持健康的身体状况，因此，产生了许多老年人力资源。“时间银行”模式将有效发掘老年人的潜质，促使有条件的老年人投身于服务他人的事业中，去除社会中关于老年人的“消极标签”。借助“时间银行”储蓄体系，老年人也能储存满足自己日后需求的服务保障，进而增加老年人生活信心与养老安全感。

（2）助力社区居家养老模式

时间银行的独有优势在于充分调度社区资源，推动居家养老进程，使老年人生活在原有社区中，避免过早地进入专业养老机构。时间银行的服务内容也满足老年人多元化的养老服务需求。随着时代的发展，子女不在身边的老年人可能遇到健康、社会、生活相关问题，时间银行组织将有效统筹社区资源配置，实现养老服务资源分配效用最大化。

（3）增强社区适老化服务能力

时间银行能够增强社区的信息共享能力、社会能力和承载能力，提升社区文化水平、社会层次。信息共享能力是指社区成员能够借助时间银行组织获取服务范围内其他老年人的相关信息。时间银行作为信息中介平台，帮助提供服务的老年人发布其能提供的服务内容信息，帮助被服务老人发布服务需求内容信息，实现社区养老资源的供需匹配。社会能力是指在时间银行保证组织会员之间的服务资源的合理调配之外，建立普通个人向作为非会员的家人提供照顾的平台。承载能力是指通过时间银行的组织形成社区解决内部养老问题的团队、受众、体系化方案，形成良性循环模式，减轻社区对社会总体养老资源供给能力的压力。文化水平和社会层次是指时间银行将社区内成员拉拢为整体，运用民主参与的方式使成员获得成就感、归属感。

2. 国外“时间银行”发展状况

时间银行最早在美国得以实践，其中最具代表性的是老年志愿者服务银行（Older Volunteer Service Bank）和长老计划（Elderplan）。前者主要为老年人提供照护服务，主要模式为低龄老年人为高龄老年人提供服务，一般服务时长不超过 6 小时，服务后将时间以积分的形式存储，组织会员每年都会接受一定的服务培训以保证服务质量；后者是为老年人提供疾病预防的试点机构，允许组织会员以时间货币支付保险费，可以免费获得相应养老服务或享受一定折扣。

英国的时间银行同样发展迅速，政府为了增加公民参与时间银行的积极性，提供一系列支持活动，如免税、财政支持等，同时，时间积分或时间货币常常被视为评价一个公民信用的重要指标。截至2019年，英国有108家时间银行，约有两万名参与者，斯通豪斯公平份额（Stonehouse Fair Shares）是最具代表性的时间银行之一。斯通豪斯公平份额成立于1999年，原定位是为老年人或残障人士提供照护服务的慈善机构，随着会员规模扩大，该组织针对社区服务的项目更加全面，鼓励会员之间进行代际内的社会互助服务。英国政府也鼓励中学生参与关于时间银行的社会实践，借助这种知识与实践结合的普及使时间银行体系得到公众认可。

日本的老龄化非常严重，政府养老压力巨大，因此，时间银行模式成为解决日本养老压力的有效手段。日本具有代表性的时间银行为自愿义工网络（Volunteer Labour Network）和日本积极生活俱乐部（Nippon Active Life Club），前者成立于1973年，机构成员为家庭妇女，该组织成立的主要目的是倡导年轻人为老年人提供志愿服务；后者成立于1994年，该组织成员为50岁以上的男子或夫妻，采用可购买、无时效限制、可转移的积分制帮助人们实现高效的生活互惠互助活动，组织内的协调管理人员不仅提供管理服务，还向会员提供培训课程、组织社会公益活动、兴办老年生活俱乐部及定期开展养老系列讲座，组织在规模扩展中不断吸纳年轻人，更大程度地延展时间银行体系服务范围和年龄层级。

综上所述，美国、英国、日本都已经逐渐完善了时间银行的服务制度，在政策保障、管理模式、运营主体、技术支持、统筹管理、资金来源管理等方面已经趋向成熟，对我国社区养老的开展具有广泛借鉴意义。

3. 我国“时间银行”运营模式与应用现状

我国时间银行模式的推广应用起始于20世纪，在不断发展过程中形成了三种运营模式：

（1）社区自发设立的“时间银行”

我国第一家时间银行——上海晋阳居委会“时间银行”就是由社区组织成立的，此类时间银行具有以下特点：开办时间早、服务范围小（仅限于开办社区内部）、组织紧凑及非专业化服务。这些特点使得早期的社区时间银行组织无法实现科学合理的运营，非专业化的管理人员无法借助信息技术保存组织成员服务记录，容易导致信息丢失，规模过小、无外部资本参与及经济水平较低，最终，导致社区内部运营的时间银行难以长期维系。

（2）政府主导的“时间银行”

广州南沙的“时间银行”是政府主导设立的，主要有以下特点：政府参与度高，摆脱了资金匮乏的困局；政府作为服务支持者，推动居民接受时间银行的服务模式，吸引越来越多的社区居民参与其中；时间银行运营方式、服务管理质量有具体量化指标，对会员发展、时间币、推广、培训、咨询和社会资源等方面有考核要求，这也进一步推动管理单位在各辖区内建设服务站点，保证时间银行服务的推广。

（3）第三方组织设立的“时间银行”

此类时间银行的设立依靠第三方组织，例如，上海“时间银行”的设立依托某商务公司，其主要特点在于依靠第三方组织形成独特的运作发展模式。上海“时间银行”开创O2O服务模式，利用线上平台发布需求或选择任务，记录时间币和支出明细，在线下借助商务公司已有的居家养老服务点将时间银行模式覆盖数百个城市社区，线上线下的联动模式扩大了时间银行的范围，企业参与运营使时间银行更有持续性保证。

4. 我国时间银行模式面临的突出问题与解决方案

我国时间银行模式已经随附于社区适老化改造过程，结合社区硬件系统、信息系统形成较为完善的应用模式，但就总体情况而言，运作中仍存在许多问题：

（1）政策扶持力度较低、覆盖范围小，发展前景不容乐观

时间银行模式最显著的特征是有偿性，老年人一般更愿意直接接受无偿的志愿养老活动，因此，相较于欧美发达国家，我国社会志愿活动、慈

善氛围、政府政策相对不足，时间银行的公众接受度也不高。政府制度保障缺失、资金补贴少使得我国时间银行只能在社区中独立发展，难以实现区、市、省级别覆盖社区的数据联动。政府对时间银行关注度不高，仅凭社区或企业推广难以形成规模效应，且部分社区对于时间银行的概念模糊不清，导致社会公众对时间银行收支体系与操作方式难以理解。

（2）组织管理制度落后，缺乏专业工作人员和志愿者

现有时间银行组织管理制度缺少实时性，工作人员对于组织参与者的真实活动情况难以直接审核，例如，服务时长的记录可能不及时导致期中或年终结算时无法核算。这种情况出现的原因是工作人员大多数是直接社会招聘人员，未经过职业化培训直接上岗，工作态度敷衍，即使时间银行组织有固定的规章制度，也难以充分执行。

（3）时间银行概念模糊，难以在群众中铺开

一般在社区适老化改造过程中，企业、政府、改造者及用户等经常关注某些体系、服务、设施是否能够在短期内取得经济、社会效益，“见好则用，反之则弃”的思想与时间银行“长期积累并兑现”的理念相悖，严重影响时间银行体系的可持续发展。此外，虽然低龄老年人具有服务潜力，但是其本身文化素质不高，在专业护理知识、技能及态度方面欠缺，不一定能满足高龄老人的专业护理需求，甚至可能对服务对象造成伤害，服务过程可能产生的纠纷并无明确的制度规定或法律解释，导致时间银行不能被公众接受。

（4）服务时间换算方法无统一标准

西方学者指出时间银行提供的服务是同质的，只有量的区别，时间应当作为“时间币”的唯一计量方式，但是一些学者认为，实际服务中劳动强度不同，所需技能难度存在差异，在时间计量过程中，一些志愿者可能拒绝仅按照时间长短计算工时，这就产生了如何制定换算依据的难题。

（5）信息系统和数据不互通

各地区、社区都可能有不同的时间银行体系、信息数据库，数据不互通使得时间银行服务范围较窄。例如，A 社区的一些志愿者可能无法找到服务对象，而 B 社区的高龄老年人无法获取对应服务技能的志愿者服务。

“时间银行”作为一种“互助”的养老模式，将有效降低社会养老总支出水平，有利于提升老年人养老生活的价值，均衡社会养老资源，因此，应对时间银行发展问题就需要解决关键矛盾——社会环境改善与基础规则制定。美国国会于 1987 年颁布了《促进志愿服务联邦法案》，为明细劳动积分在同代人和代际之间的关系提供法律依据。日本先后颁布《非营利组织法》和《长期护理保险法》，放宽了非营利组织的发展条件，促使养老责任转向社会承担。因此，我国应当采取制定时间银行保障法律、政府购买服务及政府推行模式等方案促使时间银行正规化、可持续化。此外，本节也提出了关于其他问题的解决方案，如图 7-33 所示。

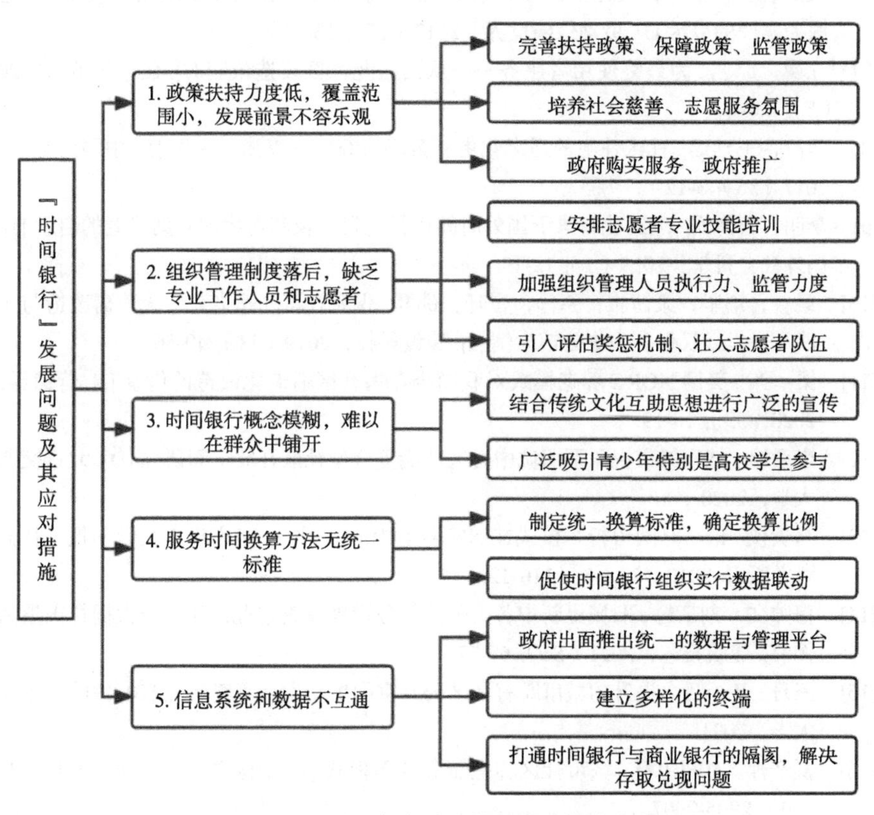

图 7-33 时间银行体系相关问题解决方案

本章主要参考文献

[1] 陈功，黄国桂. 时间银行的本土化发展、实践与创新——兼论积极应对中国人口老龄化之新思路 [J]. 北京大学学报（哲学社会科学版），2017，54（6）: 111-120.

[2] 陈思佳，曾令东，曾晨，马超，李虹波. 保障性住房适老化改造需求及改造设计分析——以南京市为例 [J]. 住宅与房地产，2019（12）: 35.

[3] 程晓青，张华西，尹思谨. 既有建筑适老化改造的社区实践——北京市大栅栏社区养老服务驿站营建启示 [J]. 建筑学报，2018（8）: 62-67.

[4] 傅岳峰. 北京旧住宅适老性更新的新视角 [J]. 建筑学报，2011（2）: 78-81.

[5] 贺凯，钱云. 探索明日的理想住区——荷兰 Bijlmermeer 高层居住区的发展更新历程 [J]. 住区，2012（3）: 22-29.

[6] 黄淑娴，杨芷玥，黄翰，黄婷. 美国社区居家养老典型模式对我国医养结合养老服务发展的启示 [J]. 劳动保障世界，2017（17）: 13-14.

[7] 江曼，原艺. 为最终使用者服务——从劲松北社区改造谈起 [J]. 住宅产业，2020（5）: 43-47.

[8] 李波，王廷廷. 社区住宅的适老化更新策略研究——以漳州为例 [J]. 中国房地产，2017（36）: 3-12.

[9] 李明，曹海军. 老龄化背景下国外时间银行的发展及其对我国互助养老的启示 [J]. 国外社会科学，2019（1）: 12-19.

[10] 梁善，郑坚，康博雅，龚伟，崔轩，邵磊. 保利社区"适老化"无障碍改造与实践——以武汉保利中央公馆为例 [J]. 建设科技，2019（11）: 49-56.

[11] 梁一东. 美国 NORC 养老模式对我国企业型社区适老化改造的借鉴 [J]. 营销界，2020（39）: 18-19.

[12] 李彦婷. 健康城市视角下旧城中心区功能复合型社区开放空间研究 [D]. 北京交通大学，2020.

[13] 马贵侠. 论"时间银行"模式在居家养老中的应用 [J]. 南京理工大学学报（社会科学版），2010，23（6）: 116-120.

[14] 穆帅文，刘玉超. 旧城更新中各类公共服务设施完善情况调研—以大栅栏街道为例 [J]. 建筑技艺，2021（S1）: 67-72.

[15] 王丹. 基于活力提升的城市既有社区公共空间更新设计策略研究 [D]. 内蒙古工业大学，2021.

[16] 夏辛萍. 时间银行: 城市社区养老服务的新模式 [J]. 中国老年学杂志，2014，34（10）: 2905-2907.

[17] 徐知秋. 基于持续照护社区理念的老旧住宅适老化改造研究 [D]. 北京工业大学，2016.

[18] 杨晓娟，丁汉升，杜丽侠 . 美国老年人全面照护服务模式及其启示 [J]. 中国卫生资源，2016，19（4）：354-357.

[19] 周典，周若祁 . 构建“社区化”城市养老居住设施方法研究 [J]. 建筑学报，2009（S1）：74-78.

[20] 章鸿雁 . 上海、广州住宅适老化改造实践研究 [J]. 中国房地产，2016（9）：3-8.

[21] 曾鹏，李媛媛，李晋轩 . 日本住区适老化更新的演进机制与治理策略研究 [J/OL]. 国际城市规划：1-17[2022-01-13].

[22] 张强，张伟琪 . 多中心治理框架下的社区养老服务：美国经验及启示 [J]. 国家行政学院学报，2014（4）：122-127.

[23] 张文超，杨华磊 . 我国“时间银行”互助养老的发展现状、存在问题及对策建议 [J]. 南方金融，2019（3）：33-41.

[24] 赵哲瀚 . 老旧社区微更新视角下的空间营造研究 [D]. 延边大学，2020.

[25] Hou SuI，Cao Xian. Promising Aging in Community Models in the U.S. Village，Naturally Occurring Retirement Community（NORC），Cohousing，and University-Based Retirement Community（UBRC）[J]. Gerontology & geriatric medicine，2021，7.